基于知识图谱的
软件安全缺陷检测方法研究

郑 炜 吴潇雪 郑江滨 李云帆 著

基于知识图谱的软件安全缺陷检测方法研究/郑炜等著. —西安：西安交通大学出版社，2023.5
ISBN 978-7-5693-3297-1

Ⅰ.①基… Ⅱ.①郑… Ⅲ.①软件开发—安全技术—研究 Ⅳ.①TP311.522

中国国家版本馆 CIP 数据核字（2023）第 112311 号

书　　名　基于知识图谱的软件安全缺陷检测方法研究
　　　　　JIYU ZHISHI TUPU DE RUANJIAN ANQUAN QUEXIAN JIANCE FANGFA YANJIU
著　　者　郑　炜　吴潇雪　郑江滨　李云帆
责任编辑　郭鹏飞
责任校对　邓　瑞
封面设计　任加盟

出版发行　西安交通大学出版社
　　　　　（西安市兴庆南路 1 号　邮政编码 710048）
网　　址　http：//www.xjtupress.com
电　　话　（029）82668357 82667874（市场营销中心）
　　　　　（029）82668315（总编办）
传　　真　（029）82668280
印　　刷　西安五星印刷有限公司

开　　本　787 mm×1092 mm　1/16　**印张** 9.25　**字数** 225 千字
版次印次　2023 年 5 月第 1 版　2024 年 3 月第 1 次印刷
书　　号　ISBN 978-7-5693-3297-1
定　　价　78.00 元

如发现印装质量问题，请与本社市场营销中心联系。
订购热线：（029）82665248　（029）82667874
投稿热线：（029）82668818　QQ：457634950
读者信箱：457634950@qq.com

前　言

随着互联网技术的快速发展和软件需求的大规模扩张，软件结构和功能也越来越复杂，导致软件安全事故频繁发生，严重影响商业组织的利益和人们的日常生活。软件开源化的发展趋势导致软件漏洞产生的影响范围大大增加，因此软件开发者和使用者越来越重视软件产品的安全性。传统的漏洞检测方法效率较低，需要大量优质数据，而收集特定种类的大规模漏洞数据需要耗费大量资源。知识图谱已成功应用于各个领域的知识存储和表达，因此借助知识图谱现有的成熟技术，能够分析漏洞代码中的各种语义信息，通过对收集的语义信息进行深入分析和推理，能够在不需要海量数据的前提下提高漏洞检测的效率。

在当前互联网快速发展的趋势下，漏洞报告的数量快速激增，依靠人力进行漏洞分析会变得愈加困难，并且当前漏洞报告的研究主要是以通用漏洞披露（CVE）或者其他国外开源项目为主，针对中文漏洞报告研究比较少。因此，本研究采取事件抽取的方法，对国家信息安全漏洞共享平台（CNVD）的漏洞报告进行信息的自动挖掘，获取漏洞报告事件信息并在最后对其进行漏洞严重性评估。

本书首先使用 CWE 与 CVE 漏洞数据库中的数据构建了软件漏洞文本数据集，为漏洞知识抽取提供了有效数据；其次，提出了结合 N 元语言模型与掩码文本的漏洞知识抽取方法，用于进行知识抽取；再次，通过对漏洞知识的研究分析，找到漏洞之间的关系，并构建软件漏洞知识图谱；最后，通过对比实验，使用不同的方法及参数设置来验证本研究的方法对漏洞知识抽取的有效性和参数设置的合理性。

为了更好地研究漏洞，解决当前软件安全漏洞数据利用率低、漏洞语义信息不够丰富等问题，我们提出了一种基于软件安全漏洞领域知识图谱构建的设计方案。针对漏洞知识图谱的构建提出三层架构模型，并将构建过程规范总结为数据获取、领域短语抽取、本体构建、信息抽取、数据存储、可视化及检索等六个步骤，每个步骤进行了详细设计。基于三层架构模型实现了自动化构建软件安全漏洞领域知识图谱，并将碎片化、价值密度低的网络安全漏洞信息以结构化三元组形式存储在 Neo4j 图形数据库，构建知识图谱。通过构建的漏洞知识图谱实现了漏洞信息关联查询和可视化推理分析等功能，有助于实现软件安全漏洞数据分析更加智能化的目标。

知识图谱作为实现人工智能的重要环节，已经成功应用于多个领域。知识图谱分为通用知识图谱和领域知识图谱，与通用知识图谱相比，领域知识图谱具有领域专业性，知识表示的深度与粒度更加细化。将知识图谱应用于软件安全领域，通过构建软件安全漏洞领域知识图谱，可实现对漏洞信息的快速查询与可视化分析，并能够深层次地挖掘漏洞语义信息及隐藏在漏洞实体与实体间关系。为了提高知识图谱链接预测任务的准确性，本研究提出了融合漏洞文本信息的 TextTransE 模型，并进一步验证了知识图谱的有效性。

作　者

2023 年 3 月

目　录

第1章
绪论

1.1 研究背景和意义

在软件需求不断增加的情况下，隐藏在软件中的各种漏洞所带来的问题也越来越严重。2020年9月10日，德国一家医院遭到黑客网络攻击，该黑客利用商业软件的漏洞感染了内部网络中的多台服务器，导致治疗系统故障无法使用，结果使得一名急救病人由于错过最佳手术时间而死亡。2021年5月初，高通芯片被曝出高危漏洞，该漏洞影响了全球40%的手机，导致用户的通话记录和短信均被窃取。2021年12月7日，著名开源日志系统Log4j被曝出存在高危漏洞，黑客可利用该漏洞通过构造特殊结构的请求来利用该漏洞在服务器上执行任意代码，影响了90%的Java应用。

随着时间推移，漏洞报告只会越来越多，如何高效地进行漏洞信息的自动抽取成为一个难题，得益于信息抽取的技术发展，这方面的研究已经取得了不少进展。信息抽取能够帮助人们快速地以自动化方式处理文本信息，在互联网众多非结构化的文本内容中，对数据进行一个结构化的展示，可以给用户更直观和更清晰的理解。事件抽取是信息抽取领域一个重要的研究方向，文本事件抽取旨在从句子或文档中识别发生的事件，以结构化的方式描述事件的触发词、事件类型、事件论元及其角色，其通常是信息检索中的重要前置任务之一，在诸多领域有着广泛应用。事件抽取有着很大的研究价值，事件抽取不仅可以帮助人们更加快速清晰地认知世界，而且能够在多种自然语言处理场景中发挥重要作用，例如，事件抽取可以提高信息检索（Information Retrieval，IR）的效率，结构化的事件数据可以支持文本生成，应用于智能问答（Question Answering，QA）应用中。此外，事件抽取在文本摘要（Text Summarization，TS）、情感分析（Sentiment Analysis，SA）等场景中也有着重要的应用价值，并且其还可以构建事件知识图谱，搭建高质量的领域知识库。而针对漏洞报告文本描述信息进行事件抽取，可以更多地展示漏洞报告的特征，与常规的命名实体识别只识别关键字不同，事件抽取关注的是事件级别的信息和事件之间的联系，在提取事件论元的同时，还可以直观地了解许多漏洞报告的细节信息。本研究就是使用事件抽取技术来实现中文漏洞报告信息的智能抽取，并且在最后还将事件知识应用在漏洞严重性评估中。

软件的缺陷及软件存在的漏洞使得软件系统的完整性、服务的可用性及信息的安全性都存在巨大隐患，这些缺陷和漏洞可能会使软件系统遭受恶意攻击。为了软件的使用和管理安全，加强软件的缺陷和漏洞分析，以及安全防御就显得尤为重要，软件开发工作者和软件安全研究工作者花费了大量的时间和精力去记录软件缺陷、软件漏洞和软件遭受的攻击，我们需要充分利用这些记录好的知识，以提高软件的安全性和开发效率。

本书面向软件安全领域，采用领域内知识CWE（Common Weakness Enumeration）和CVE（Common Vulnerabilities Exposures）数据作为知识抽取对象。CWE是常见缺陷列表，CVE是公共信息安全漏洞库，它们包含了丰富的漏洞语义信息知识。本书基于CWE和CVE数据进行知识抽取，构建了软件安全漏洞通用知识图谱。具体步骤：首先，通过爬虫获取CWE和CVE数据，对CWE和CVE数据进行预处理，进而基于文本语义相似度进行自动化领域短语抽取；然后，定义知识图谱本体结构，进行信息抽取，包括实体抽取和关系抽取；其次，将抽取的实体和实体间关系组成（实体、关系、实体）三元组；最后，将获取的实体关系三元组存储到Neo4j图形数据库中，完成软件安全漏洞领域知识图谱构建，以及知识图谱的应用研究。

1.2 国内外研究现状

1.2.1 漏洞检测技术

漏洞分析和检测是软件安全领域中的重要研究方向。NIST 维护的 SARD 和 NVD 两个漏洞数据库对漏洞数据进行收集和描述，为研究人员提供了方便、可靠的数据来源。其中，CVE 作为漏洞分析领域的通用标识，通过编号、描述、参考和链接等信息，方便相关人员总结漏洞特征。SARD 则通过 CWE 对各种漏洞进行分类和整理，为安全人员提供了快速有效的检测和修复软件产品中的安全漏洞的方法。

漏洞检测是发现软件漏洞的重要方法。静态检测和动态检测是常见的漏洞检测方式。静态漏洞检测主要分为基于漏洞规则检测和基于代码相似性检测两种。基于规则的漏洞检测依赖于专业人员的代码分析，结合其专业知识，最终得出漏洞识别规则。基于代码相似性检测技术是基于“相似的代码片段中有极大概率含有相同的漏洞”这一思想，通过将待检测的代码转化成代码片段，然后将这些代码片段解析成 token、树结构或者图结构，最后对解析结果进行相似度计算，进而判断源代码片段中是否存在漏洞。

随着人工智能技术的飞速发展，深度学习技术也开始运用在代码漏洞检测领域中。VulDeePecker[1] 利用“code gadget”这种中间结构来对源代码进行抽象表示并在此基础上进行特征提取，是第一个利用深度学习技术进行代码漏洞检测的模型。μVulDeePecker[2] 使用了“code attention”机制，同时将其与“code gadget”结合，进而达到多漏洞检测的效果。SyseVR[3] 则提出了一种可以提取代码语义和语法两种信息的向量化表征方式。除此之外，还可以将源代码解析成抽象语法树或者立体生成联合图以树中节点为对象进行特征提取[4,5]，以及通过生成联合图[6] 的方式生成代码的表征，然后基于图节点进行特征学习。

1.2.2 知识图谱研究现状

本书介绍了知识工程领域的研究发展以及知识图谱的应用。早期的人工智能研究[7,8] 主要是通过符号知识记录人类的思考过程，然后将其记录在知识库中，以提高机器或系统的智能。然而，这类系统对人工干预的依赖性极强，不能解决真实环境中海量知识的获取与分析所面临的难题。

随着大数据技术的高速发展，知识的自动化获取技术日益成熟，同时互联网生态的高速发展也使得知识库的质量得到了保证，谷歌在 2012 年提出了 Google Knowledge Graph[9]，开辟了知识工程发展的新时代。此后，知识图谱在工业界被广泛应用，学术界也取得了大量的关于知识图谱的研究进展[10-14]。

知识图谱可根据应用范围、构建方法、语言种类和知识类型四个方面进行分类。一些通用知识图谱会直接在公共互联网上部署，使得互联网用户可以很方便地利用这些知识图谱。

从技术服务的角度和实际作用而言，知识表示和实体关系抽取是知识图谱在构建过程中较为重要的环节。知识图谱可以充分利用现有的漏洞描述数据实现漏洞检测的效果，例如，通过建立软件数据库和安全漏洞数据库之间的关系对漏洞进行追踪，也可以从开源项目报告中挖掘漏洞信息、跟踪项目的进度进而构建一个漏洞检测系统。原始的代码数据中不仅包含了文本信息，同时还具有丰富的语义信息，代码知识图谱可以利用这些数据，从代码中直接提取实体和关系。

虽然知识图谱已经可以从结构化和非结构化的数据中提取一定数量的漏洞信息，但现有的知识图谱对漏洞信息的刻画仍然不够全面，将知识图谱应用到漏洞检测尚未有成熟的研究成果，尤其是代码知识图谱的构建与应用。因此，基于代码知识图谱的漏洞检测技术[15,16]具有重要的研究意义及价值。

1.2.3 基于深度学习的事件抽取

近年来，随着深度学习技术的发展，越来越多的学者开始将深度学习应用于事件抽取。其中，Nguyen 等人[17] 提出使用卷积神经网络（CNN）进行事件检测，通过 CNN 提取事件特征来进行事件触发词检测和事件类型识别。然而，CNN 只能抓取句子中最重要的信息，在考虑多事件句时可能会遗漏有价值的事实。为此，Yubo Chen 等人[18] 提出了一种新的事件提取方法，旨在不使用复杂的自然语言处理工具自动提取词汇级和句子级特征，并将该方法命名为 DMCNN。同时，为了解决数据标注问题，Yubo Chen 等人[19] 提出了使用语言知识的自动标注方法，并使用 DMCNN－MIL 模型来作为基线进行实验。清华大学的 Ziqi Wang 等人[20] 提出了 CLEVE 方法，该方法是用基于预训练语言模型和 AMR 解析器的对比学习方法进行事件抽取，其在 ACE 2005 和 MAVEN 数据集上的实验取得了显著成果，特别是在具有挑战性的无监督环境中。Tongtao Zhang 等人[21] 提出了一种新的基于生成对抗模仿学习的实体和事件提取框架，这是一种使用生成对抗网络（GAN）的逆强化学习方法。

除了预定义的关系抽取外，也有学者在开放域进行事件抽取的研究。Minh Triet Chau 等人[22] 提出了一种利用历史价格数据和从新闻标题中提取的事件来预测几天内天然气价格的方法，并且他们没有使用句子嵌入作为特征，而是使用提取的事件的每个单词，然后在输入到学习模型之前先对它们进行编码和组织。Aakanksha Naik 和 Carolyn Rosé[23] 解决了构建监督事件触发识别模型的任务，该模型可以更好地跨领域泛化。利用对抗域适应（ADA）框架来引入域不变性，并且对 1％的标记数据进行微调，然后进行自我训练，效果获得了显著提高。Rui Wang 等人[24] 提出了一个基于生成对抗网络的事件提取模型，称为对抗-神经事件模型（AEM）。AEM 用狄利克雷先验对事件建模，并使用生成器网络来捕获潜在事件的模式。使用鉴别器区分从潜在事件重构的文档和原始文档，该方法在新闻文章数据集上应用效果显著。

1.2.4 知识抽取

知识图谱是一种应用广泛的技术，其构建的关键是知识抽取，即从结构化、半结构化或非结构化的文本中提取知识，构成结构化知识三元组。而在网络安全领域，海量、碎片化、价值密度低的网络安全信息需要进行处理和提取，才能转化为结构化的、价值密度高的网络安全知识。因此，在知识图谱的构建流程中，信息抽取是数据转化的重要环节之一。

命名实体识别（named entity recognition，NER）是信息抽取的一个关键步骤，其目的是对文本中的重要名词和专有名词[25] 进行定位和分类。在网络安全领域[25,26]，命名实体识别相比通用领域存在更多技术难点，但基于深度学习的命名实体识别方法[27] 通过将文本中的词向量作为输入，经由神经网络达到端到端的实体识别，弥补了传统识别方法的不足，且能够自动进行特征提取，取得了良好的效果[28-30]。

关系抽取是信息抽取的另一个关键步骤，其目标是从文本中发现未知的关系事实，将非结构化信息组织为结构化信息[31]。基于深度学习的关系抽取方法在处理实体间关系时取得了良好的效果，研究者开始引入深度学习方法，以在隐藏层对有噪声的远程监督[32-37]过程建模。同时，一些无监督的关系抽取方法[38-43]也逐渐被引入，这些方法可以在不用手动标记数据的情况下从原始文本中提取命名实体之间的关系。

1.2.5 实体识别

命名实体识别是一种从文本中抽取实体信息元素的方法，其主要应用于自然语言处理领域。近年来，基于深度学习的 NER 方法[44-46]受到越来越多的关注。其中，基于循环神经网络（RNN）和卷积神经网络（CNN）对关系抽取[47,48]的应用非常广泛，长短时记忆网络（LSTM）和门控环路单元（GRU）是常用的模型体系结构。在软件工程领域，工作主要集中在代码元素的抽取和链接上，但人们也进行了一些关于抽取软件实体的工作。条件随机场（CRF）模型和布朗聚类的 S－NER 系统，用于识别软件中的特定实体，例如 Stack Overflow 帖子上的编程语言、平台和库等实体[47,48]。Zhou 等人提出了基于 CRF 模型和词嵌入表示的 BNER 系统，该算法模型可以从缺陷报告中识别特定软件的漏洞实体[49]。知识图谱的发展不仅是知识组织和信息检索[50]的新方向，也成为了学科融合的新实践方式，其涵盖了应用数学、图像处理、可视化技术、人工智能等领域，为信息数字化提供了新途径[51-52]。总之，基于深度学习的命名实体识别和知识图谱的发展将成为未来软件安全领域的重要研究方向。

1.3 研究工作概述

1.3.1 面向漏洞检测的代码知识图谱构建

知识图谱[53-55]是一种以图形结构为基础，记录客观世界中任意事物之间关系的技术。其主要价值是从数据中检测、发现和判别事物和概念之间的映射关系，改善现有的信息获取方式，并将经过分类整理的结构化知识可视化后展示给用户，从而提高信息检索效率。知识图谱的构建需要解决很多技术难题，包括实体识别和关系抽取。实体是知识图谱的底层逻辑和思考模型，在构建知识图谱过程中有利于表示和建模。知识图谱具有广泛的应用价值，其推荐系统[56]、信息安全[57]和智能问答[58-59]等领域都有着广阔的应用前途。实体识别和关系抽取是知识抽取工作中的两大重要任务，主要有基于传统机器学习、基于模板和规则的识别及基于深度学习这三类方法。知识图谱的构建需要以原始数据为底层基础，利用自动或半自动构建方法[60-61]在原始数据中进行知识抽取，从而获取相关的资源信息，然后将得到的实体、关系和属性加工成结构化的知识后存储至图数据库中。使用知识融合技术[62,63]可以得到结构统一的知识，进一步提高图谱质量，利用知识计算[64,65]等相关技术可以对知识之间的联系进行分析和推理。

1.3.2 深度学习理论和相关技术研究

随着计算机技术的不断发展和人工智能的日益普及，自然语言处理[66] 成为一个备受关注的领域。自然语言处理技术的快速发展，主要得益于深度学习的快速发展。深度学习[67] 通过使用深度神经网络，实现了自然语言处理领域的许多突破，使用深度学习技术目前已经创建了许多表现优秀的模型，技术也日益成熟。

深度学习的优势主要在于端到端的训练和表示学习。端到端的训练意味着可以直接从原始数据中学习到特征，无需手动提取特征；表示学习则是指学习到合适的特征表示，有利于提高模型性能。深度学习在自然语言处理领域中的应用也越来越广泛，其中事件抽取[68,69] 是一个热门的应用方向。

事件抽取是指从文本中抽取事件及其相关信息的过程。在自然语言处理领域，事件抽取是一个重要的任务，它可以为实体关系抽取、问答系统、信息检索等应用提供帮助。在事件抽取研究中，深度学习模型成为主流，如 LSTM[70]、CNN[71]、Attention 机制[72] 等。

在深度学习模型中，语言模型是一个非常重要的概念。语言模型是指计算一个句子出现的概率，它在自然语言处理中有着广泛应用，如机器翻译、文本生成、语音识别等。词向量则是指将一个单词映射到一个向量空间中的向量，它在自然语言处理中也有着广泛应用。词向量可以通过训练神经网络来学习，也可以使用预训练的词向量，如 Word2Vec[73]、GloVe[74] 等。

在深度学习模型中，Attention 机制是一个非常重要的技术。Attention 机制是指通过对输入序列中不同位置的信息进行加权来计算输出序列中每个位置的信息。Attention 机制在自然语言处理中的应用非常广泛，如机器翻译[75]、文本分类[76]、语音识别[77] 等。

BERT[78] 是一个非常流行的深度学习模型，它是一种双向的 Transformer 编码器，可以进行各种自然语言处理任务，如命名实体识别[79]、句子分类[80]、问答[81] 等。BERT 的出现，极大地提高了自然语言处理的效率和准确率。

GlobalPointer 模型结构[82] 则是一种基于图神经网络的模型，它可以对实体关系进行建模和抽取，具有很高的准确率和效率。GlobalPointer 模型结构在自然语言处理领域中有着广泛应用。

1.3.3 面向软件漏洞家族特征的知识抽取方法研究

知识抽取是指从文本中自动抽取实体、关系、属性等知识元素的过程。这些知识元素可以用于构建知识图谱、自动问答、语义搜索等应用。其中，TF-IDF 和 YAKE 是两种常见的知识抽取算法。

TF-IDF 是一种基于词频和逆文档频率[83] 的算法，它通过计算一个词在文档中出现的频率与在整个文本集合中出现的频率的比值来评估一个词在文档中的重要性。TF-IDF 算法可以用于抽取关键词，识别文本中的主题等。

YAKE 是一种基于关键词提取的算法，它可以自动抽取文本中的关键词[84-85]，并根据关键词的重要性进行排名。与 TF-IDF 算法不同，YAKE 算法使用了一些启发式规则和机器学习方法，可以更准确地抽取关键词。

除了知识抽取算法，知识融合和存储也是知识抽取领域中的重要技术。

在知识融合方面，一些常见的方法包括本体融合、实例融合、规则融合等。本体融合是指将来自不同本体的实体、关系等知识元素进行整合和融合。实例融合是指将来自不同数据源的实例进行整合和融合。规则融合则是指将来自不同规则库的规则进行整合和融合。

在知识存储方面，一些常见的方法包括图数据库、关系数据库等。图数据库是一类专门用于存储和查询图数据的数据库，它可以方便地进行图查询、图分析等操作。关系数据库则是一类基于关系模型的数据库，可以方便地进行关系查询、关系分析等操作。

1.3.4 知识存储

知识图谱的存储方式可以分为基于资源描述框架（RDF）的存储和基于图的存储。基于 RDF 的存储是以三元组（s，p，o）的方式来存储数据，并使用唯一的 URI 来标识资源。其中，（s，p，o）表示 s 与 o 之间具有关系 p，或者 s 的属性 p 取值为 o。基于图的存储是一种非关系型数据库（Not Only SQL，NoSQL），以属性图为基本的表示形式，将组成三元组中实体和关系数据对应图数据库中的节点和边进行存储。查询时，不需要执行关系型数据库中的表连接操作，可直接通过边对关联数据进行查询，具有更高的查询效率。对比 RDF 存储，图数据库可以提供完善的查询语言，也更适用于多重关系的查询，有利于实现在图上的高效查询和搜索，并且支持各种图挖掘算法，具有很好的扩展性和灵活的设计模式，更容易表达现实的各种场景，很多知识存储任务都选择图数据库对知识图谱进行存储。

图数据库最具有代表性的工具是 Neo4j，其是一种被广泛使用的图数据库。Neo4j 使用数据结构中图的概念对需要存储的数据进行建模，将节点之间通过边关联起来，其中节点代表三元组中的实体，边代表三元组中的关系。节点和边都可以有属于自己的属性。和所有的图数据库一样，Neo4j 有专门的查询语言，使用 Cypher 进行查询操作。Cypher 语言的交互性强，语法友好，查询效率高，为 Neo4j 提供了强大的图查询和搜索能力。同时，Neo4j 还内置了很多图算法，比如中心性算法、社区发现算法、路径寻找算法、相似度算法等，可以建模并预测复杂的数据动态特性。另外，Neo4j 支持可视化前端，可扩展到应用系统中使用。

1.4 本书组织结构

本书共分为六章，具体如下：

第 1 章 介绍了软件安全漏洞知识图谱技术研究的背景和意义，然后对近年来软件安全漏洞知识图谱构建方法与知识抽取方法和关键技术进行分析和总结。最后，简要概括本书的主要研究内容和贡献。

第 2 章 主要研究基于代码知识图谱构建的漏洞检测方法，总结面向源代码的漏洞检测技术，列举现有技术的优缺点。针对漏洞特征，设计代码实体、关系类别定义，以及代码知识图谱构建算法，实现一种基于代码知识图谱的静态漏洞检测框架。

第 3 章 主要对中文软件漏洞报告文本信息的智能抽取方法展开研究和应用，归纳总结了漏洞报告和事件抽取的背景意义以及研究现状，设计并实现了面向中文漏洞报告的事件抽取方法。

第 4 章 基于 CWE 和 CVE 漏洞报告披露数据库进行软件漏洞知识抽取方法的研究，提出了以 NG _ MDERANK 模型进行漏洞知识抽取的方法，该方法基于 N 元语言模型和掩码文本相似比较，并在此基础上构建了软件通用漏洞知识图谱。本研究收集了漏洞的描述文本数据并完成了数据的标注工作，在标注后的数据集上完成了方法的对比验证，验证了本研究提出的方法的有效性。

第 5 章 针对软件安全领域，提出了基于安全漏洞的知识图谱构建模型，并将构建流程总结为六个步骤，包括数据获取、领域短语抽取、本体构建、信息抽取、数据存储、可视化及检索。提供了一个系统化的构建软件安全漏洞知识图谱的方法并对其应用进行了研究。

第 6 章 阐述了本研究的主要工作和贡献，并对工作的后续研究进行一定展望。

» 第2章

面向漏洞检测的代码知识图谱构建方法

2.1　代码知识图谱构建方法研究

本节主要介绍面向漏洞检测领域的代码知识图谱构建方法。首先根据 C/C++编程语言的语法特性、关键字等特性进行分析，并根据分析结果构建代码实体识别的规则，然后对代码实体间控制流、函数调用流等数据进行跟踪和记录，将这些数据用于抽取代码实体间的关系，最后利用代码实体及对应的关系构建代码知识图谱。

2.1.1　代码知识图谱实体识别

本节主要介绍代码实体的分类和代码实体的识别过程，包括实体的分类规则和实体识别算法的流程。

1. 实体分类

代码文本中含有大量的语义信息，从这些信息中挖掘漏洞的语义特征是漏洞检测的关键所在，实体识别的目的是将抽象隐晦的语义信息具象化，而恰当的实体分类是保证实体识别准确率的前提。由于代码文本中并没有例如姓名或专业词汇这样含义明确的名词或者短语，所以传统的命名体识别方法无法从代码文本中准确地提取实体。一些经典的静态代码解析工具 Joern[86] 和 CodeSensor[87] 将代码关键字分为“func”“params”及“decl”等多种类别，但这些工具的主要目的是将代码文本解析成抽象语法树或者代码属性图等其他数据结构，其解析结果中会出现代码实体种类过多，实体分类界限不明确等问题。代码实体种类过多会导致最终构建的代码知识图谱复杂度太高进而影响漏洞检测速度和精度，而分类界限不明确则会直接影响实体识别的准确率。从图 2-1 的解析结果可以看出，CodeSensor 对代码实体的分类多达 10 余种，其中的“water”类别的分类界限模糊，因此无法直接将其作为代码知识图谱的实体类别。

```
output.txt - 记事本
文件(F) 编辑(E) 格式(O) 查看(V) 帮助(H)
func     43:0    46:0    0    static inline bool    keyring_ptr_is_keyring
params   43:41   0:0     1
param    43:42   43:73   2    const struct assoc_array_ptr *  x
stmnts   45:4    45:49   1
return   45:4    45:49   2    (unsignedlong)x&KEYRING_PTR_SUBTYPE
water    45:11   0:0     3    (
water    45:12   0:0     3    unsigned
water    45:21   0:0     3    long
water    45:25   0:0     3    )
water    45:26   0:0     3    x
op       45:28   0:0     3    &
water    45:30   0:0     3    KEYRING_PTR_SUBTYPE
func     48:0    52:0    0    static inline struct key *    keyring_ptr_to_key
params   48:44   0:0     1
param    48:45   48:76   2    const struct assoc_array_ptr *  x
stmnts   0:0     51:71   1
decl     50:4    50:45   2    void    *object
op       50:17   0:0     2    =
call     50:19   50:44   3    assoc_array_ptr_to_leaf
arg      50:43   50:44   4    x
water    50:43   0:0     5    x
return   51:4    51:71   2    (structkey*)((unsignedlong)object&~KEYRING_PTR_SUBTYPE)
call     51:11   51:70   3    (structkey*)
```

图 2-1　CodeSensor 代码分析结果示例

基于上述原因同时结合代码文本特征，本研究将代码文本中的单个函数视为整体，以函数中每行代码语句为基本单位进行实体分类，分别有函数（Func）、声明（Decl）、表 2-1 中无赋值（Assign）、分支（Branch）和循环（Loop）共五种实体类别，具体分类说明如表 2-1 所示。

表 2-1　代码实体类别定义信息表

代码实体	属性
Func	表示函数调用或者定义语句：printO，malloc0…
Decl	表示声明语句：int a，int b…
Assign	表示赋值语句：a = 1，b = "abc" …
Branch	表示分支语句：if，switch.
Loop	表示循环语句：while，for…

实体的有效分类是保证实体识别准确率的前提，而实体的属性定义会直接影响实体识别的细粒度。将一行代码语句视作一个实体，根据代码的复杂度可将每行代码语句进行分割，提取出细腻度更高的语义信息。例如函数调用实体"free(a)"，可提取其中的参数名称"a"，并将其视作函数调用实体的一个属性，由此可进一步挖掘代码文本中的语义信息。根据待识别漏洞的特征，本研究仅提取其中的三种属性：代码语句本身的文本内容（Name）、参数（Params）及代码深度（Depth），分类信息如表 2-2 所示。

表 2-2　代码实体属性定义信息表

代码实体	属性
Func	Name，Params，Depth
Decl	Name，Params，Depth
Assign	Name，Params，Depth
Branch	Name，Depth
Loop	Name，Params，Depth

2. 实体识别

本块内容主要详细介绍了五类实体识别算法的具体实现。函数实体的识别是构建函数调用流程图的关键，通过观察 C/C++语言的特点及语法，在代码书写规范的前提下，可总结出 C/C++语言中函数调用语句的公共特征：以")；"或者"（）；"结尾，而进行函数定义的首条语句则通常以"）{"或"）"结尾。C/C++语言中的一些特殊的关键字会执行内存分配或内存回收的操作，例如："new"和"delete"等，另一些关键字会影响代码执行流程，例如："return""break"和"continue"等，因此将含有这些特殊关键字的代码语句同样视作函数实体。由于 C/C++语言允许在循环和分支语句的判断表达式中调用函数，因此还需要保证当前语句不属于分支语句、循环语句及赋值语句，具体的识别算法如表 2-3 所示。

表 2-3　函数实体识别算法

算法 2.1.1 **函数实体识别算法**

描述：funcCheck（）为函数语句特征识别函数，c 和 C 分别为待识别的代码语句和构成 c 的所有关键字集合，E_{func} 代表函数实体集合，返回值 true 和 false 分别代表 c 为函数实体和非函数实体

输入：c 、C 、$E_{func} = \varnothing$

输出：true 或 false

```
1   begin
2   if algorithm3.2(c) || algorithm3.3(c) || algorithm3.4(c) then //判断 c 是否为其他类语句
3     retrun false
4   else if funcCheck(c) then //判断 c 是否满足函数语句的特征
5     E_func ← E_func ∪ c
6     return true
7   end if
8   for each k ∈ C do   //判断 c 是否含有被视作函数实体的关键字
9     if funcCheck(k) then return true
10  end for
11  return false
12  end
```

对于声明语句而言，其最显著的特征是以类型关键字作为开头，例如："int a;" "double d;" "size _ t p;" 均以类型关键字开头，因此可以通过类型关键字集合来识别此特征，表 2-4 展示了该集合的详细内容。

表 2-4　C/C++类型关键字集合

类别	关键字
整型类	char，unsigned char，signed char，int，unsigned int，signed int，short，unsigned short，signed short，long，unsigned long，signed long
浮点类	float，double，long double
存储类	auto，register，static，extern
标准库类	sig _ atomic _ t，va _ list，ptrdiff _ t，size _ t，wchar _ t，fpos _ t，FILE，div _ t，ldiv _ t，clock _ t，time _ t is，struct tm
其他类	enum，struct，union

另外，C/C++的语法书写规范允许将赋值语句和声明语句结合在一起，例如：将声明语句 "int a;" 和赋值语句 "a = 1;" 合并写成一句代码 "int a = 1;"，对于这样同时包含

两种实体特征的代码语句，我们将其定义为赋值实体，因此还需要通过判断代码语句是否含有“＝”号来区分声明语句和赋值语句。声明语句的识别算法流程如表 2-5 所示。

表 2-5　声明实体识别算法

算法 2.1.2 **声明实体识别算法**

描述：declCheck () 为声明语句特征识别函数，c 、C 分别为待识别的代码语句和类型关键字集合，返回值 true 和 false 分别代表 c 为声明实体、非声明实体

输入：c 、C

输出：true 或 false

1　**begin**

2　**for each** $k \in C$ **do**

3　　**if** declCheck(c，k) **then return** true //判断 c 是否符合声明语句特征

4　**end for**

5　**return** false

6　**end**

通过检测代码语句是否含有“＝”号来判断该代码语句是否属于赋值语句，但是分支语句和循环语句中的判断条件中通常会出现“＝＝”号，也包含了“＝”号，因此需要注意区分两者的差别。另外需要注意的是，C/C＋＋语法书写规范并不排斥同时执行函数调用操作和赋值操作，也就是说代码文本中可能会出现类似这样的语句：“int a ＝ func ()；”，在一条代码语句中同时进行了函数调用、对变量进行声明以及对变量进行赋值这三种操作，如果将此类代码语句定义为声明实体，则会导致在关系抽取时需要进一步判断声明语句中是否包含赋值操作及函数调用操作，无疑会增加关系抽取工作的复杂度。而在对声明实体进行定义时，已经将“int a ＝ 1；”这类同时仅含有赋值操作和声明操作的语句定义为赋值实体，如果将“int a ＝ func ()；”又归类为声明实体，则会出现声明实体和赋值实体互相包含的问题；而无论将其定义为赋值实体和函数调用实体的哪一种，都会存在分类界限互相影响的问题。例如将其定义为函数实体，则需要额外检测函数实体中是否包含赋值操作，若将其定义为赋值实体，则需要检测赋值实体中是否包含函数调用操作。

考虑到前面在对声明实体进行定义时，就已经将“int a ＝ 1；”这类包含两种实体特征的语句归类为赋值实体，但仅有赋值实体会同时和声明实体与函数实体产生交集导致实体分类界限模糊，为了最大程度减少这种界限模糊的情况出现，同时简化后续关系抽取工作的复杂度，因此把“int a ＝ func ()；”这种语句同样归类为赋值实体，如此一来我们只需要对赋值实体进行二次判断即可解决此类特殊情况。为方便后续工作，我们还将同时满足赋值实体和函数实体两种特征的实体进行特殊标记。赋值实体识别算法的具体流程如表 2-6 所示。

表 2-6　赋值实体识别算法

算法 2.1.3 **赋值实体识别算法**

描述：c 表示待识别的代码语句，assignCheck（）和 funcCheck（）分别表示赋值语句特征识别函数和函数语句特征识别函数，返回值 true 和 false 分别代表 c 为声明实体、非声明实体

输入：c

输出：true 或 false

```
1   begin
2   if algorithm3.4(c) then return false// 判断 c 是否符合分支和循环语句
3   if assignCheck(c) then
4     if funcCheck(c) then    //判断 c 是否同时满足赋值语句和函数语句的特征
5   E_func ← E_func ∪ c
6   end if
7   return true
8   end if
9   returnfalse
10  end
```

对于分支语句和循环语句，可直接通过识别代码语句中是否含有相应的关键字检测出代码实体的种类。分支语句中常见的关键字有“if”“switch”“else”“goto”“case”“default”共六种，循环语句中常见的关键字有“for”“while”“do”三种。两种实体的识别算法如表 2-7 所示。

表 2-7　分支实体和循环实体识别算法

算法 2.1.4 **分支实体和循环实体识别算法**

描述：C 表示构成待识别代码语句 c 的所有关键字集合，B、L 分别代表分支实体特征关键字集合和循环实体特征关键字集合，返回值 1、2、0 分别代表 c 为分支实体、循环实体和其他实体

输入：C

输出：0 或 1 或 2

```
1   begin
2   for each k ∈ C do
3     if k ∈ B then
4       return 1
5     else if k ∈ L then
6       return 2
7     end if
8   end for
9   return 0
10  end
```

通过算法 2.1.1 至算法 2.1.4，已经解决了对函数实体、声明实体、赋值实体、分支实体以及循环实体的识别问题。而属性提取是在实体识别的基础上对代码语义信息更深层次的理解，这对于代码语义信息的表达同样重要。

每种实体的属性分类在上一小节中已做了详细描述，其中“Name”属性代表一行原始代码的文本内容，结合代码实体的类别可通过检测函数名的方法实现敏感函数的检测效果。“Params”属性是为了确定代码语句的操作对象，例如，代码语句“int a = 1;”的操作对象是遍历“a”，确定操作对象则是为了跟踪变量的数据流以及记录变量的状态变化，这两种信息在检测内存安全方面的漏洞时极为关键，其识别原理主要依赖于正则表达式对代码文本的解析。“Depth”属性记录了代码语句的深度信息，通过深度信息可以判断代码语句是否处于嵌套语句内部，例如，如果代码语句“int a = 1;”处于两层“if”分支内部，则该代码实体的“Depth”属性值为 2。记录“Depth”属性值的主要目的是更精确地提取不同代码实体间的控制依赖，针对一些复杂的代码语句，尤其是在含有循环嵌套或者分支嵌套的代码文本中，此属性能够辅助识别分支或循环实体与后续相邻实体间的依赖关系。

2.1.2 代码知识图谱关系抽取

本小节主要介绍面向漏洞检测的代码实体间关系的分类，以及进行关系抽取的算法流程。

1. 关系分类

在程序分析和测试任务中，经常使用控制流图（Control Flow Graph，CFG）和程序依赖图（Program Dependency Graph，PDG）这两种数据结构。控制流图本质上是以图像化的方法来表示代码文本中每个函数的结构信息。代码文本中的每条语句与控制流图中的每个节点一一对应，图中的节点一方面能够清楚地表达函数的控制结构信息，另一方面也能反映代码语句的执行顺序。程序依赖图是对代码语句间的依赖关系的图像化表征，其中包括控制依赖关系、数据依赖关系和其他依赖关系。

基于代码文本特征和漏洞特征的分析结果，同时参考控制流图和程序依赖图等数据结构，可将代码语句间的关系分类为三种依赖关系，分别是函数调用依赖（Function Call Dependence）、控制依赖（Control Dependence）及数据流依赖（Data Flow Dependence）。设 n_a 和 n_b 是控制流图中的任意两个节点，n_{Exit} 代表控制流程图的终止节点，$EList$ 是一个包含了控制流程图中所有边的集合，关于依赖关系有如下一些定义：

(1) 在控制流图中，若存在一个序列 $S=\{n_0, \cdots, n_k\}$，且由相邻节点 n_{i-1} 和 n_i 组成的边 $\langle n_{i-1}, n_i\rangle$ 满足：$\langle n_{i-1}, n_i\rangle \in EList$，其中 $i=1, \cdots, k$，则称 n_0 到 n_k 存在可执行路径（Executable Path），记作 $EP(n_0, n_k)$。

(2) 若存在一条从 n_a 到 n_b 的可执行路径 $EP(n_a, n_b)$，那么称 n_a 是 n_b 的前驱节点（Predecessor Node），n_b 是 n_a 的后继节点（Successor Node），分别记作 $PN(n_a, n_b)$ 和 $SN(n_b, n_a)$。对于控制流图中的任意节点 n，n 所有的前驱节点构成的集合记作 $PN(n)$，n 所有的后继节点构成的集合记作 $SN(n)$。

(3) 存在一条从 n_a 到 n_{Exit} 的可执行路径 $EP(n_a, n_{\mathrm{Exit}})$，且 n_a 在到达 n_{Exit} 前一定会经过 n_b，则称 n_b 是 n_a 的必经节点（Required Node），记作 $RN(n_b, n_a)$。

（4）若满足：存在一条从 n_a 到 n_b 的可执行路径 $EP(n_a, n_b)$，对于 $EP(n_a, n_b)$ 上除了 n_a 和 n_b 以外的每个节点 n，n_b 都是它们的后续必经节点且 n_b 的执行情况取决于 n_a 的执行情况，则称 n_b 控制依赖于 n_a，记作 $CD(n_a, n_b)$。

（5）若存在一条从 n_a 到 n_b 的可执行路径 $EP(n_a, n_b)$ 以及一个变量 x，若 n_b 引用了在 n_a 处定义的 x，或者 n_a 先于 n_b 对变量 x 进行引用，则称 n_b 数据依赖于 n_a，记作 $DFD(n_a, n_b)$。

（6）若 n_a 和 n_b 是控制流程图中执行了函数调用操作的两个节点，其中 $a < b$，且 n_a 的后继节点集合 $SN(n_a)$ 与 n_b 的前驱节点集合 $PN(n_b)$ 所构成的交集 $SN(n_a) \cap PN(n_b)$ 中没有其他任何节点执行函数调用操作，则称 n_b 函数调用依赖于 n_a，记作 $FCD(n_a, n_b)$。

图 2－2 列举了某代码文本中的控制流图 CFG、可执行路径 EP 以及各种依赖关系。

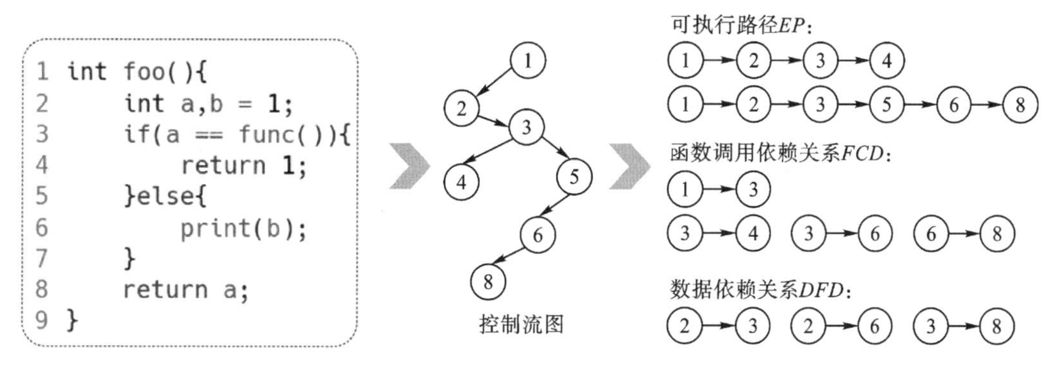

图 2－2　代码文本与其相应的控制流图、可执行路径以及控制依赖与函数调用依赖关系

2. 关系抽取

在上一小节中我们定义了五类代码实体，其中部分函数实体是由编程语言的关键字和标准函数转化而来的，包括“return”“break”“continue”及“exit（）”等，而这类函数会直接影响代码的执行流程，进而影响关系抽取的正常步骤，可能会出现相邻的两个实体间不存在任何关系的特殊情况，例如，若实体 e_a 由“return”关键字转化而来，则 e_a 与其相邻的下一个实体 e_b 之间并不存在控制依赖关系。基于此，我们将这些特殊的函数实体额外定义为终止实体(Termination Entity)，所有终止实体构成的实体集合记作 E_{term}，且 $E_{\text{term}} \subseteq E_{\text{all}}$。

在一个大小为 N，由函数中所有代码实体构成的一个有序集合 E_{all} 中，每两个相邻的代码实体可分别看作头实体 e_{h} 和尾实体 e_{t}，两者间通常会存在控制依赖 CD，记作 $CD(e_{\text{h}}, e_{\text{t}})$。需要注意的是，任何以终止实体 $e_a \in E_{\text{term}}$ 作为头实体的实体对（e_a，e_b）之间均不存在任何关系。在排除这种特殊实体后，按顺序遍历全体代码实体集合 E_{all} 中所有相邻的实体对（e_i，e_{i+1}），其中 $i = 1, 2, \cdots, N-1$，在不考虑分支实体和循环实体的对控制流程的影响下，即可确定头实体 e_i 和尾实体 e_{i+1} 之间是否存在控制依赖，算法关键流程如表 2－8 所示。

表 2-8　控制依赖关系抽取算法

算法 2.1.5 **控制依赖关系抽取算法**

描述：E_{all}、E_{term} 和 E_{branch} 分别表示所有代码实体的有序集合、终止实体集合以及分支实体集合，R_{CD} 表示控制依赖关系集合，Regex () 函数可识别文本是否为 else 或 else-if 语句，N 代表 E_{all} 集合的大小

输入：E_{all}、E_{term} 和 E_{branch}

输出：R_{CD}

1　**begin**
2　**for** e_i，$e_{i+1} \in E_{all}$，$i \leftarrow 1$ to $N-1$ **do**
3　　**if** $e_i \in E_{term}$ **then continue**
4　　text ← e_{i+1} 的 Name 属性值
5　　**if** $e_i \notin E_{branch}$ && $e_{i+1} \in E_{branch}$ && Regex (text) **then**
6　　　**continue** //当尾实体在 else 或 else 内部时，则头尾实体间不存在控制依赖关系
7　　**else**
8　　　$R_{CD} \leftarrow R_{CD} \cup CD(e_i, e_{i+1})$
9　　**end if**
10　**end for**
11　**end**

若考虑分支实体和循环实体对控制依赖关系的影响，则需要通过每个实体的“Depth”属性来判断两个相邻的实体间是否具有控依赖关系。若两个相邻实体的“Depth”属性值相同，在排除头实体是终止实体后，可确定两者之间一定具有控制依赖关系。若头实体的“Depth”属性值小于尾实体的相应属性值，这说明尾实体比头实体的深度更深。具体地说，只有当头实体是分支实体或循环实体，且尾实体处于相应的循环结构或者分支结构的内部时，才会出现这种情况，但由于分支语句和循环语句中判断条件的存在，无法保证其结构内部的语句是否执行，因此需要查找下一个“Depth”属性值大于或等于头实体的第一个实体，如图 2-3 所示，4 节点为分支实体，且它的深度为 1，而 5 节点的深度为 2，因此 4 节点除了与 5 节点之间存在控制依赖关系，4 节点与下一个深度为 1 的第一个节点 7 节点之间同样具有控制依赖关系。

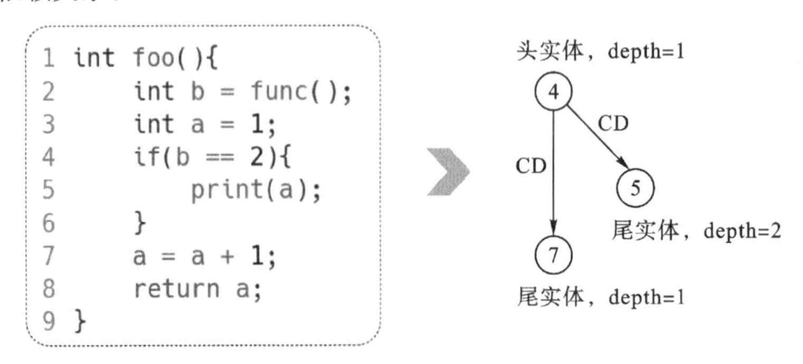

图 2-3　利用 Depth 属性识别分支路径中的控制依赖关系

当首节点的“Depth”属性值大于尾节点的“Depth”属性值则属于另一种情况。对于“Depth”属性值，若出现首节点的值大于尾节点的值时，说明首节点位于分支结构或循环结构的末尾。而尾节点则有两种情况，一种情况是尾节点本身是分支实体或循环实体，第二种情况则意味着尾节点不是分支实体或循环实体，但从“Depth”属性值角度观察，尾节点的“Depth”属性值不会超过首节点外部的分支实体的“Depth”属性值。

出现第一种情况时，如果尾节点本身属于“else”分支实体或“else-if”分支实体，则首尾节点之间不存在任何关系。如图 2-4 所示，当首尾节点分别是 3 节点与 4 节点、8 节点与 9 节点以及 10 节点与 11 节点时，首尾节点之间不存在控制依赖关系。

```
1 int foo(){
2     if(a==0){
3         a++;
4     }else{
5         return 0;
6     }
7     if(b==2){
8         print(b);
9     }else if(b==3){
10        a = a + 1;
11    }else {
12        print(a);
13    }
14    return 0;
15 }
```

头实体
尾实体
3
4
CD
8
9
CD
10
11
CD

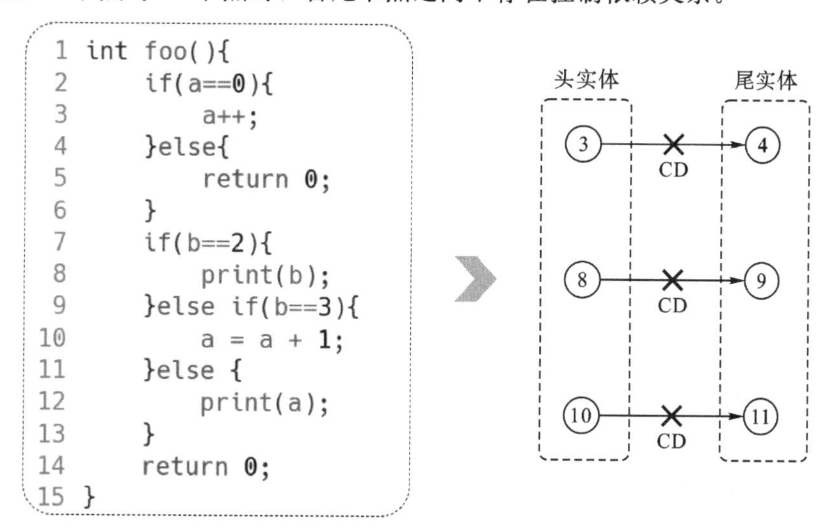

图 2-4　通过 Depth 属性值排除相邻两个实体间不存在控制依赖关系的特殊情况

出现第二种情况时，则首尾节点之间必然具有控制依赖关系。如图 2-5 所示，当首尾节点分别是 6 节点和 8 节点时，首节点位于分支结构“if（b==2）”4 节点的末尾，8 节点的“Depth”属性值与 4 节点相同，因此两者之间具有控制依赖关系。

```
1 int foo(){
2     int a = 1;
3     int b = func();
4     if(a==0{
5         a = a + 1;
6         print(a);
7     }
8     b = b + 1
9     return 0;
10 }
```

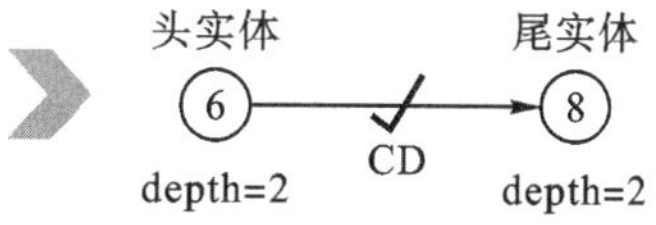

头实体
尾实体
6
8
CD
depth=2
depth=2

图 2-5　通过 Depth 属性值确定相邻实体间的控制依赖关系

通过以上分析可排除相邻两个实体间不存在控制依赖关系的特殊情况，控制依赖关系抽取算法流程如表 2-9 所示。

表 2-9　控制依赖关系抽取算法

算法 2.1.6 **控制依赖关系抽取算法**

描述：E_{all} 表示所有代码实体的有序集合，Regex（）函数可识别文本是否是 else 或 else-if 语句，N 代表 E_{all} 集合的大小，R_{CD} 代表函数中所有控制依赖关系的构成集合

输入：E_{all}

输出：R_{CD}

```
1   begin
2   for  e_i, e_{i+1} ∈ E_all, i ← 1 to N − 1 do
3     depth_i, depth_{i+1} ← 获取 e_i, e_{i+1} 的 Depth 属性值
4     k ← i + 2
5     if depth_i < depth_{i+1} then
6       for e_j ∈ E_all, j ← k to N do
7         if depth_i ≥ depth_j then
8           R_CD ← R_CD ∪ CD(e_i, e_j)
9           break
10        end if
11      end for
12    else if depth_i > depth_{i+1} && Regex(text) then
13      for e_j ∈ E_all, j ← k to N do
14        text← 获取 e_j 的 Name 属性值
15        if depth_j ≤ depth_{i+1} && notRegex (text) then
16          R_CD ← R_CD ∪ CD(e_i, e_j)
17          break
18        end if
19      end for
20    end if
21  end for
22  end
```

函数调用依赖关系和控制依赖关系的本质都是反映代码执行顺序的依赖关系，但两者的侧重点并不相同。控制依赖关系描述的是程序中所有代码语句的跳转流向，首实体和尾实体均可以是任意类型的代码实体，而函数调用依赖关系则用于表示函数内部的函数调用情况，反映的是函数之间的互相调用关系及函数的调用顺序，可构成函数调用依赖关系的首实体和尾实体均必须是含有执行函数调用操作的代码实体，具体来说，函数调用依赖关系只存在于函数实体或者具有函数调用操作的赋值实体之间。因为函数调用依赖关系聚焦于函数实体之间语义信息，是在控制依赖关系基础上更深层次的语义表达，因此识别函数调用的依赖关系

是在全体函数实体构成的集合 E_{func} 中进行。

对于函数调用依赖关系抽取算法，首先需要按照代码文本中的原始顺序对函数实体集合中的所有实体进行遍历访问，其目的是检测所有相邻两个函数实体 e_i 和 e_{i+1} 构成的实体对（e_i，e_{i+1}）之间是否存在函数调用依赖关系，其中 $i=1$，2，…，$N-1$，N 为函数实体集合 E_{func} 的大小。值得注意的是，函数实体中有部分实体属于终止实体 E_{term}，当这类实体作为头实体时，它与任意类型的尾实体之间都不会产生联系，无法形成依赖关系。因此需要检测头实体是否属于终止实体，即排除满足 $e_i \in E_{term}$ 的头实体 e_i。另一方面，由于分支实体和循环实体的存在会导致分支内部或循环内部的代码语句执行情况不明确的现象发生。具体来说，当且仅当分支语句或循环语句中的判断条件成立时，其结构内部的代码语句才会被执行，但同时却无法知晓判断条件是否成立，因此当头实体 e_i 位于分支或循环的外部时，而尾实体 e_{i+1} 处于结构内部时，无法判断头尾实体之间是否存在函数调用依赖关系。如图 2-6 所示，头实体和尾实体分别为 5 节点和 7 节点，两个节点均代表函数实体且两者的“Depth”属性值相同，如果采取与抽取控制依赖关系相同的算法思路，则会得出两者之间存在函数调用依赖关系的结论，但实际上两者之间并不存在任何关系。因此仅凭“Depth”属性值无法对函数调用依赖关系进行正确抽取。

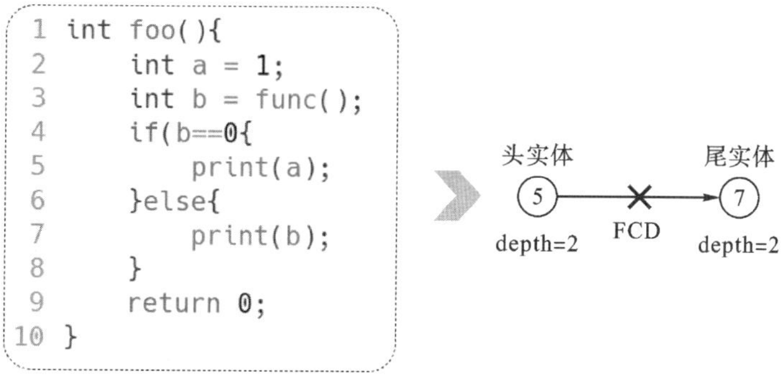

```
1  int foo(){
2      int a = 1;
3      int b = func();
4      if(b==0{
5          print(a);
6      }else{
7          print(b);
8      }
9      return 0;
10 }
```

头实体 (5) depth=2 —✕ FCD→ 尾实体 (7) depth=2

图 2-6　利用 Depth 属性值无法准确抽取函数调用依赖关系

基于以上考虑，我们为函数实体引入新的属性：“父实体”（Father）属性来解决这个问题。通过判断是否存在“父实体”属性以及“父实体”是否相同来确定该函数实体是否处于分支或者循环内部，以及通过判断“父实体”属性是否相同来确定头尾实体是否处于同一分支或循环的内部，进而确定两者之间是否具有函数调用依赖关系。若一个实体处于分支实体或循环实体的结构内部，则这个实体的“父实体”属性就代表距离该实体最近的分支实体或循环实体。如图 2-6 所示，5 节点代表的函数实体“print（a）”，该实体的父实体是由 4 节点代表的分支实体“if（b==0）”。“父实体”属性的识别算法如表 2-10 所示。

表 2-10　父实体属性识别算法

算法 2.1.7 **父实体属性识别算法**
描述：E_{all} 表示所有代码实体的有序集合，Regex（）函数用于识别分支和循环结构是否结束，N 代表 E_{all} 集合的大小
输入：E_{all} 输出：代码实体的父实体属性值

续表

算法 2.1.7 **父实体属性识别算法**	
1	**begin**
2	**for** $e_i \in E_{\text{all}}$ ，$i \leftarrow 1$ to N **do**
3	**if** algorithm3.4(e_i) **then** //判断是否符合分支语句的特征
4	Stack.push(e_i) //将实体 e 压入栈内
5	**end if**
6	**if** algorithm3.1（e_i） && Stack！=∅ **then** //判断是否符合函数语句特征
7	$e \leftarrow$ Stack.top() //将栈顶元素赋值给 e
8	text←获取 e 的 Name 属性值
9	e_i 的 Father 属性值←text
10	**end if**
11	**if** Regex(e_i) **then** //判断当前分支或循环结构是否结束
12	Stack.pop（）//栈顶元素出栈
13	**end if**
14	**end for**
15	**end**

结合以上属性识别算法可进行函数调用依赖关系的顺序抽取，算法具体流程如表 2-11 所示。

表 2-11 函数调用依赖关系抽取算法

算法 2.1.8 **函数调用依赖关系抽取算法**	
描述：E_{all}、E_{term}、E_{func} 分别表示所有代码实体的有序集合、终止实体的集合以及所有函数实体的有序集合示，N 代表 E_{all} 集合的大小，R_{FCD} 代表函数调用关系集合	
输入：E_{all}、E_{term}、E_{func}	
输出：R_{FCD}	
1	**begin**
2	**for** e_i，$e_{i+1} \in E_{\text{all}}$，$i \leftarrow 1$ to $N-1$ **do**
3	**if** $e_i \in E_{\text{term}}$ **then continue**
4	f_1，$f_2 \leftarrow$ algorithm3.7(e_i，e_{i+1}) // 获取实体的父实体属性值
5	**if** $f_1 == f_2$ **then**
6	$R_{FCD} \leftarrow R_{FCD} \cup FCD(e_i, e_{i+1})$
7	**else**
8	$j \leftarrow i+2$
9	**for** $e_k \in E_{\text{func}}$，$k \leftarrow j$ to N **do**

续表

算法 2.1.8 函数调用依赖关系抽取算法	
10	text ← algorithm3.7(e_k) //获取实体的父实体属性值
11	**if** f_1 == text **then**
12	$R_{FCD} \leftarrow R_{FCD} \cup FCD(e_i, e_k)$
13	**else**
14	**continue**
15	**end if**
16	**end for**
17	**end if**
18	**end for**
19	**end**

2.1.3 代码知识图谱存储与可视化

本小节主要介绍代码知识图谱的存储介质以及可视化的结果。利用前两小节提出的算法可从代码文本中提取相应的实体和实体间关系，进而构建出代码知识图谱。由于图数据库可以清晰地表达出不同代码之间的关联关系，最大程度避免了传统的关系型数据库面临的查询过程冗杂、关系表示不明确等缺点，因此代码知识的存储通常会利用图数据库作为存储工具。Neo4j 是目前使用较为广泛的图形数据库，与其他图形数据库相比，Neo4j 所具备的图形化界面不仅能够清晰地展示出数据全貌，极大地简化数据分析流程，同时还支持高效的 Cypher 查询语言，使得 Neo4j 具备高效的数据检索能力。基于以上优点，我们采用 Neo4j 作为存储代码知识图谱的图数据库。

在 Neo4j 中建立数据库一般有两种常见方式，一种是利用 Cypher 语言以单个节点和关系为单位插入数据，这种方式虽然灵活便捷，可实时进行数据的导入，但其执行效率较低，插入大批量数据时速度明显变慢；另一种方式则是将所有实体和关系的完整信息按照一定格式存入 CSV 文件，利用官方提供的导入工具可将 CSV 文件中的数据批量插入数据库，但是当插入数据过多时，执行导入的语句会非常繁杂，同时也无法动态创建实体和关系。基于以上原因，本书利用 py2neo 工具库实现对 Neo4j 的操作，该工具可通过创建子图的方式“一键式”实现大批量数据的高效且灵活地导入，同时能够在 Python 的集成开发环境中直接完成从实体和关系的识别与抽取到数据库存储一系列工作。以 CWE-401 中单条数据为例进行代码知识图谱的构建，具体代码内容和构建结果如图 2-7 所示，其中深绿色节点代表函数实体，紫色节点代表分支实体，其余的蓝色节点和灰色节点分别代表赋值实体和声明实体。

```
1 void CWE416_Use_After_Free__malloc_free_char_01_bad()
2 {
3     char * data;
4     data = NULL;
5     data = (char *)malloc(100*sizeof(char));
6     if (data == NULL) {
7         exit(-1);
8     }
9     memset(data, 'A', 100-1);
10    data[100-1] = '\0';
11    free(data);
12    printLine(data);
13 }
```

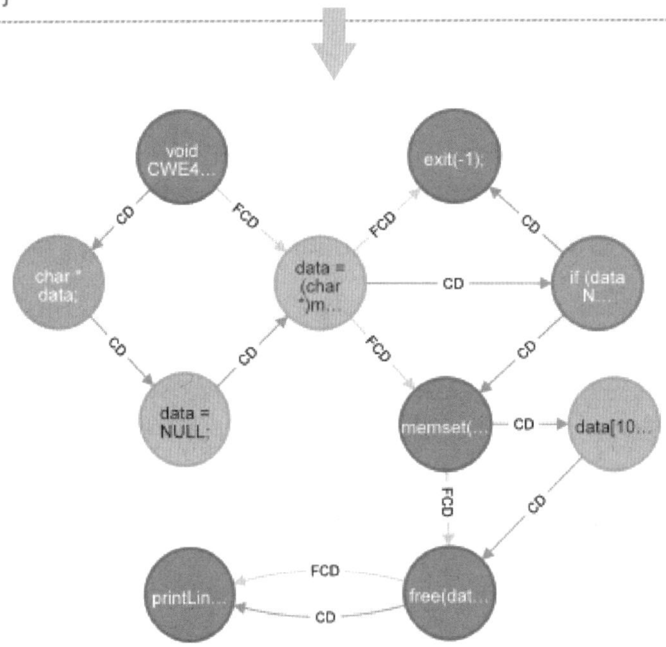

图 2-7　代码知识图谱构建完成后的可视化效果（彩图请扫章末二维码）

2.2　漏洞检测框架设计与实现

上一节详细介绍了构建代码知识图谱的关键步骤以及关键算法的整体流程，代码知识图谱的构建工作已基本完成。本节主要介绍本研究提出的基于代码知识图谱的静态漏洞检测框架 StavisCG，并从漏洞特征分析、特征搜索原理及检测流程三个方面详细介绍该框架的实现细节。

2.2.1　漏洞检测整体框架

本小节主要介绍本研究提出的基于代码知识图谱的静态漏洞检测框架（Static Vulnerability Identification Skeleton via Code Knowledge Graph，StavisCG）的整体架构。如图 2-8 所示，框架整体共包含五个阶段，分别为数据准备阶段、知识抽取与整理阶段、知识搜索阶段、漏洞分析阶段和漏洞检测阶段。

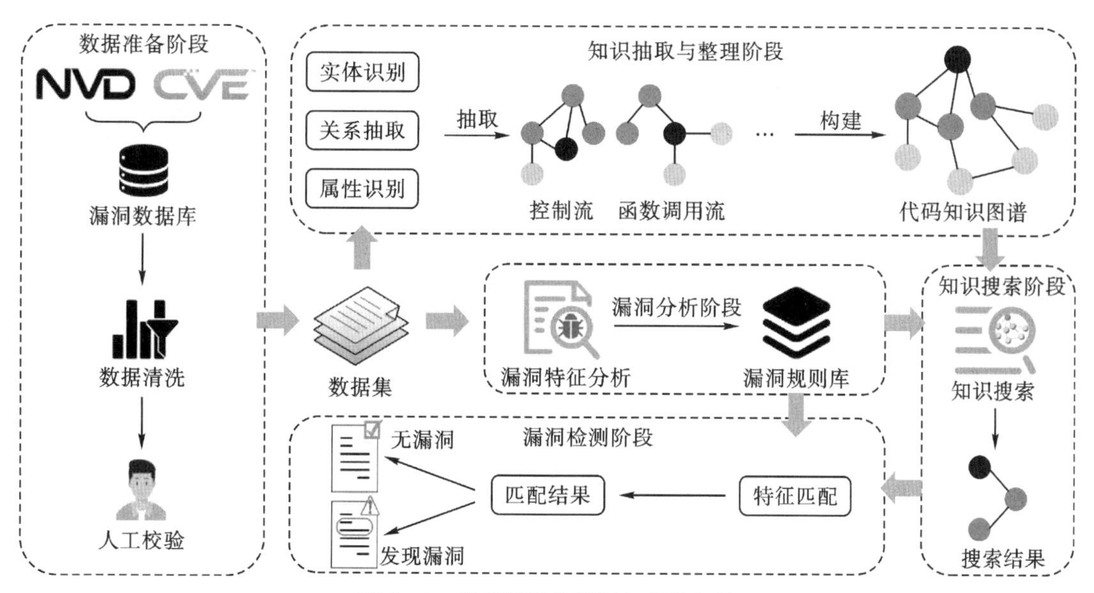

图 2－8　静态漏洞检测框架整体架构

数据准备阶段主要是收集数据以及对数据进行预处理。本研究从美国国家漏洞库（National Vulnerability Database，NVD）、各种开源软件和平台已公布的 CVE 数据等多维数据来源中收集数据，通过数据的预处理对收集到的原始数据进行筛选和人工校验，为代码知识图谱的构建和漏洞分析提供有效数据。

知识抽取与整理阶段是利用实体识别算法、关系抽取算法及属性识别算法对漏洞数据进行知识抽取，从而获取函数调用流和控制流等数据，然后利用知识抽取得到的数据完成代码知识图谱的构建，为知识搜索提供必要条件。

漏洞分析阶段是对漏洞数据进行深入分析，用形式化的方式对不同的漏洞规则进行描述进而完成漏洞规则库的构建。

在知识搜索阶段，利用漏洞规则库中的描述在控制流等数据中对漏洞进行特征搜索，而搜索结果则在漏洞检测阶段被用来与漏洞规则库中的漏洞描述进行匹配，最后根据匹配结果判断函数是否含有漏洞。

2.2.2　漏洞特征分析

本小节主要介绍在漏洞分析阶段从对漏洞特征分析到得出漏洞形式化描述的全部过程。同时以 CWE－416（Use After Free）、CWE－415（Double Free）及 CWE－401（Missing Release of Memory after Effective Lifetime）这三种常见的高危漏洞为对象进行特征分析，并根据漏洞的分析结果给出相应的特征描述。

1. CWE－415 与 CWE－416 特征分析

由于 C/C＋＋编程语言并没有提供自动垃圾回收机制，因此程序员在编写 C/C＋＋代码时需要自己完成内存的分配和释放，这在一定程度上增加了内存漏洞缺陷出现的概率。当程序对一块内存执行释放操作后，在不分配新内存的情况下，如果后续又对同一块内存地址执行引用操作，则会触发 Use After Free 漏洞。简单来说，发生 Use After Free 漏洞就是因为程序对同一块内存地址按先后顺序分别执行了释放操作和引用操作，但是在 C/C＋＋语言中，执行内存分配和内存释放的操作都是由特定的关键字或者标准库函数完成的，例如，“malloc”和“realloc”等函数专门用于内存的分配，而“free”函数和“delete”关键字则专门用于内存的释放。基于以上特征，可设函数 F 的函数调用图 FCG 中的任意两个节点为 n_a 和 n_b，E 为函数调用图 FCG 中所有边的集合，下面给出关于 Use After Free 漏洞特征的一些基本定义和描述。

(1) 用 MemoryAllocate 表示程序执行了内存分配相关的操作，用 MemoryAllocate(o) 表示给对象 o 进行内存分配，记为 MA (o)，用 n(MA (o)) 表示在节点 n 上为对象 o 执行了内存分配操作。

(2) 用 MemoryRelease 表示执行内存释放相关的操作，MemoryRelease(o) 表示在对象 o 所在的内存空间上执行内存释放操作，记为 MR(o)，用 n(MR(o)) 表示在节点 n 上为对象 o 执行了内存释放操作。

(3) 用 Use 表示执行了赋值等与内存的释放与分配无关的引用操作，Use (o) 表示在对象 o 上执行引用操作。用 n(Use(o)) 表示在节点 n 上为以 o 为对象执行引用相关的操作。

(4) 在函数 F 的函数调用图 FCG 中，若存在一个节点序列 $S=\{n_0, \cdots, n_k\}$，任意相邻两个节点构成的边 $\langle n_{i-1}, n_i\rangle$ 满足：$\langle n_{i-1}, n_i\rangle \in E$，其中 $i=1, \cdots, k$，则称 n_0 到 n_k 存在函数调用路径 (Function Call Path)，记作 FCP(n_0，n_k)。

(5) 在函数 F 的函数调用图 FCG 中，若存在由 n_a、n_b 和 n_c 三个节点构成的函数调用路径 FCP(n_a(MA(o))，n_b(MR(o))，n_c(Use(o)))，其中 $a<b<c$，则说明函数 F 中的对象 o 触发了 Use After Free 漏洞缺陷。

综上所述，Use After Free 漏洞的特征在函数调用图中可表示为一条由三个执行了特定内存操作的函数调用节点构成的函数调用路径。

与 Use After Free 漏洞相比，CWE－415 指代的 Double Free 漏洞同样是由于对内存的错误操作引起的。两者的漏洞特征较为相似，其中 Double Free 是指在程序中对同一块已被分配的内存地址按照先后顺序依次进行了两次内存释放操作，若两次内存释放操作期间没有为该地址分配新的内存空间，则会触发 Double Free 漏洞缺陷。基于以上分析同时结合上一小节的基础定义，下面给出关于 Double Free 漏洞的特征描述：

在函数 F 的函数调用图 FCG 中，若存在由 n_a、n_b 和 n_c 三个节点构成的函数调用路径 FCP(n_a(MA(o))，n_b(MR(o))，n_c(MR(o)))，其中 $a<b<c$，则说明函数 F 中的对象 o 触发了 Double Free 漏洞缺陷。

2. CWE－401 特征分析

CWE－401 所指代的漏洞类型为内存泄漏，其官方名称为 Missing Release of Memory after Effective Lifetime。内存泄漏通常是由于编码者在代码编写过程中留下的隐藏缺陷从而导致程序未能及时释放或者无法释放那些不再被使用的内存空间。单次少量的内存被泄漏可能并不会对内存安全造成太大威胁，但是如果内存泄漏问题堆积严重，则可能会造成内存大面积被无效占用进而引发 OOM (Out Of Memory)，最终导致程序崩溃。内存泄漏有三种常见的缺陷特征，主要包括申请后未释放、赋值后未释放及错误释放。

申请后未释放是指函数中申请了内存空间，但是在函数执行结束前没有及时释放内存。具体表现为，在执行了“malloc”等内存分配函数之后，在函数执行结束前没有执行“free”等内存释放函数，如图 2－9 所示，main 函数在第 3 行分配了内存，但是函数在执行结束前并没有及时释放内存，因此会出现内存泄漏。

```
1 int main{
2     int a = 0, num = 10;
3     int *m1 = (int*)malloc(sizeof(int)*num);
4     if(a != 0){
5         free(m1); free函数未被执行
6     }
7     return 0;
8 }
```

图 2-9　申请后未释放内存导致内存泄漏缺陷

赋值后未释放是指在函数内部为某个变量进行内存地址的分配后，指向该内存地址的指针在释放前再次被其他指针进行赋值，即使后续以该指针为对象进行内存释放，但该指针指向的内存地址并不是最初被分配的地址，因此同样会导致内存泄漏。如图 2-10 所示，在 main 函数中，位于第 3 行的变量“w1”和“w2”都被分配了内存，紧接着在第 6 行用“w2”的值覆盖了“w1”，但是在覆盖前，main 函数并没有对“w1”最初指向的内存空间进行释放，导致该内存空间既无法被使用也无法被释放，因此会出现内存泄漏。

```
1 int main{
2     char* c1,*c2;
3     w1 = (char*)malloc(sizeof(char*)*5);
4     w2 = (char*)malloc(sizeof(char*)*5);
5     strcpy(w1,"abc");
6     w1 = w2; 指向原内存地址的指针被覆盖
7     free(w1);
8     return 0;
9 }
```

图 2-10　赋值后未释放内存导致内存泄漏

错误释放是指对内存的释放操作与分配内存时执行的操作不匹配。例如，在分配内存时通过“new[]”为数组对象分配了内存，但是在内存回收阶段却使用“delete”关键字来对数组对象进行内存释放，然而通过“new[]”申请的内存空间需要用“delete[]”进行内存释放。同理，通过“malloc”函数申请的内存在释放时需要执行“free”函数完成内存回收，而不是由“delete”关键字进行释放。

基于以上三种特征分析同时结合上一块的相关定义，下面给出一些关于 CWE-401 漏洞的基本定义和特征描述：

(1) 用 AssignOperation 表示执行赋值相关的操作，AssignOperation（o_1，o_2）表示将对象 o_2 的值赋值给对象 o_1，记为 AO（o_1，o_2），用 n（AO（o_1，o_2））表示在节点 n 上执行了赋值操作，操作的结果是将对象 o_2 的值赋值给 o_1。

(2) 在程序 M 的函数调用图 FCG 中，若存在由 n_a 和 n_b 两个节点构成的函数调用路径 FCP(n_a(MA(o))，n_b(MR(o)))，其中 $a < b$，MR 是 MA 相匹配的内存释放操作，则说明在函数中可以排除内存泄漏的第一种和第三缺陷特征。

(3) 在程序 M 的函数调用图 FCG 中，若存在由 n_a、n_b 和 n_c 三个节点构成的函数调用路径 FCP(n_a(MA(o_1))，n_b(AO(o_1，o_2))，n_c(MR(o_2)))，其中 $a < b < c$，则可以在函

数中排除内存泄漏的第二种缺陷特征。

从以上描述可知，如果一个函数的函数调用图中具有以上两种函数调用路径，则可以说明该函数中不具备内存泄漏的三种常见缺陷特征，因此能够排除内存泄漏发生的可能性。

2.2.3 漏洞检测框架实现

本小节主要介绍漏洞检测框架最后三个阶段涉及的技术原理。首先介绍在漏洞分析阶段对漏洞进行特征分析的方法与分析结论，然后介绍在知识搜索阶段所应用的搜索算法原理搜索语句的编写，最后在漏洞检测阶段通过对比前两个阶段得出的结论最终得出漏洞检测的结果，并以两种漏洞函数为例展示漏洞检测的效果。

1. 基于可执行路径的特征搜索算法

评价静态代码检测模型的两大关键指标是漏报率和误报率，路径敏感型的静态检测方法能够通过路径分析算法避免检测不可达路径和冗余路径，进而达到降低漏报率和误报率的效果。完整路径分析是较为常见的漏洞检测方法，同时也是一种特征搜索算法，它可以完整记录程序中所有执行路径并分析每条执行路径对应的执行状态，但其本质思想是穷举。如果检测规模较大的函数，则需要记录和分析的路径数量规模也会异常庞大，最终可能导致状态空间爆炸等问题。基于此，本书利用可执行路径 EP 来替代完整路径进行漏洞特征的搜索，可执行路径分析能够根据不同漏洞的特征描述忽略不符合漏洞特征的路径，减少对冗余路径和不可达路径的分析，从而避免状态空间爆炸问题并进一步提高分析效率。

由 2.2.2 小节中的特征描述可知，三种漏洞的特征形式可以表示为两类函数调用路径，那么在函数调用图中所有可执行路径构成的路径集合中，针对不同的漏洞寻找其特定的函数调用路径，根据查找结果即可判定是否含有漏洞。表 2-12 展示了可执行路径集合识别算法的流程。

表 2-12　可执行路径集合识别算法

算法 2.2.1 **可执行路径集合识别算法**

描述：CFG 为待检测程序的控制流图，specialCheck（）函数用于根据漏洞特征识别节点是否执行敏感操作，findSucc（）用于查找某个节点的后继节点，E_{func} 表示所有函数实体构成的有序集合，EP、EPList 分别代表单条可执行路径以及所有可执行路径构成的集合

输入：EP、EPList、E_{func}

输出：EPList

```
1  begin
2  for each n0 in CFG do
3      if n0 ∉ E_func then continue
4      n ← findSucc(n0) //寻找 n0 的后继节点
5      while n != NULL do
6        if n ∉ EP&& specialCheck (n) then   //检测节点 n 是否执行了敏感操作
7          EP←EP∪ n
8          n ← findSucc(n)   //寻找 n 的后继节点
```

续表

算法 2.2.1 可执行路径集合识别算法	
9	**continue**
10	**end if**
11	$n \leftarrow$ findSucc(n)
12	**end while**
13	EPList←EPList∪EP　//将 EP 并入结果集 EPList
14	**end for**
15	**end**

2. 基于代码知识图谱的漏洞检测

2.2.2 小节中我们介绍了基于可执行路径的漏洞特征搜索思想，并给出了识别可执行路径算法的流程，其中包括图的遍历和图中节点的查找，如果使用邻接矩阵的方式存储图的信息，则两者的时间复杂度分别为 $O(n^2)$ 和 $O(n)$，导致算法的整体复杂度高达 $O(n^3)$。代码知识图谱本质上是将函数中的代码语句作为独立实体存储到图数据库中然后利用实体间关系构建的有向图结构，同时选择图数据库 Neo4j 作为代码知识图谱的存储媒介。得益于其免索引邻接属性，使得 Neo4j 图数据库对库中的每个节点都存储了其相邻节点信息的引用，相比于使用全局扫描时额外使用的二级索引以及其他各种联合索引，免索引邻接属性所付出的代价非常小，同时也意味着在使用 Neo4j 图数据库进行查询时，其查询的时间复杂度和图的整体规模无关。基于以上原因，在知识搜索阶段，我们选择 Neo4j 图数据库提供的高效搜索性能来分析代码中的可执行路径，并以利用其进行漏洞特征的搜索，最终完成漏洞检测任务。

Neo4j 图数据库同时还支持声明式查询语言 Cypher，这是一种专门用于图数据库的查询语言。Cypher 语言除了使用“match”“delete”“where”等关键字进行条件查询、节点查询等一些普通查询外，还可以通过用“()”表示节点、“[]”表示关系的方式进行路径查询，为可执行路径分析提供了高效的查询方式。接下来将分别展示利用漏洞特征搜索进行漏洞检测的结果。

根据上一节对 Double Free 漏洞和 Use After Free 漏洞特征的形式化描述可知，两种漏洞的函数调用路径中包含了三个特殊节点，三个节点先后分别执行了内存分配、内存释放及内存引用操作，而漏洞触发点则是在后两个节点，所以待查询的路径的首尾节点分别是执行了内存释放和内存引用操作的两个节点，而节点的“Params”属性代表了节点操作的执行对象，所以需要限定两个节点的“Params”属性来保证首尾节点的内存释放和内存引用的对象相同，而函数调用图中的边可用代码知识图谱中的“FCD”关系代替。结合以上特征，可利用表 2-13 中展示的查询语句进行漏洞特征的搜索。

表 2－13　可用于查找 Double Free 和 Use after Free 漏洞的搜索语句

描述：通过限定 FCD 关系以及节点操作对象进行漏洞查找	
1	match p ＝ (n) － [: FCD ＊1..] －＞ (m)
2	where n. Name starts with " free"
3	and n. Params ＝ m. Params
4	return p

图 2－11 展示了 Use After Free 示例漏洞代码文本及在此文本中对该类型漏洞进行特征搜索的结果。搜索结果显示，一个函数实体“free (data) ”指向了另一个函数实体“printLine (data) ”，也就是说，该函数内部由两个函数实体构成了一条符合 Use After Free 漏洞描述的函数调用路径 FCP，因此认为该函数内部发生了 Use After Free 漏洞。再结合实际漏洞代码可知，“free (data) ”语句对“data”变量执行了内存释放操作，而相邻的下一条代码语句“printLine (data) ”则对“data”变量执行了引用操作，两者共同触发了 Use After Free 漏洞。

```
1 void CWE416_Use_After_Free__malloc_free_char_01_bad()
2 {
3     char * data;
4     data = NULL;
5     data = (char *)malloc(100*sizeof(char));
6     if (data == NULL) {
7         exit(-1);
8     }
9     memset(data, 'A', 100-1);
10    data[100-1] = '\0';
11    free(data);
12    printLine(data);
13 }
```

```
MATCH p=(n)-[:FCD *1..]→(m)
where n.Name starts with "free" and n.Params=m.Params
RETURN p
```

图 2－11　具有 Use After Free 漏洞的函数以及对应的搜索结果

在修复示例代码中的 Use After Free 漏洞后，使用相同的查询语句再次进行特征搜索，图 2－12 展示了进行第二次特征搜索的结果。搜索结果显示“no changes，no records”，这表明修复后的函数中没有符合 Use After Free 漏洞特征的形式化描述，因此该函数不含此类漏洞。

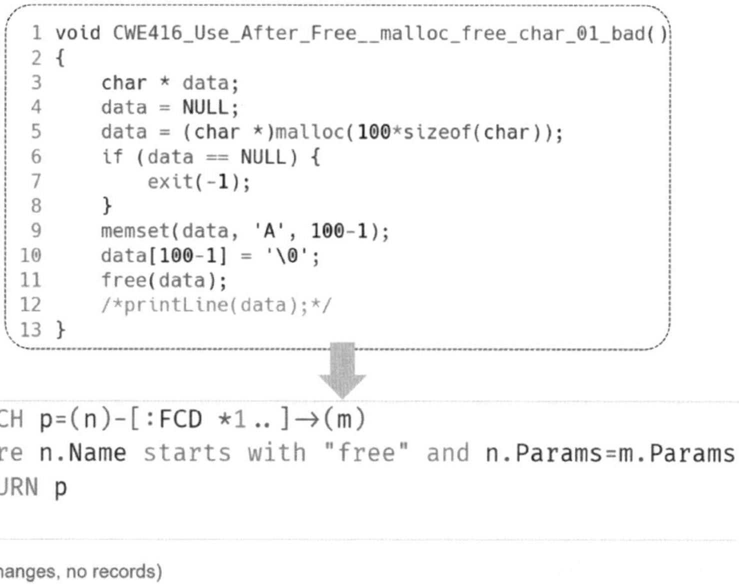

```
 1 void CWE416_Use_After_Free__malloc_free_char_01_bad()
 2 {
 3     char * data;
 4     data = NULL;
 5     data = (char *)malloc(100*sizeof(char));
 6     if (data == NULL) {
 7         exit(-1);
 8     }
 9     memset(data, 'A', 100-1);
10     data[100-1] = '\0';
11     free(data);
12     /*printLine(data);*/
13 }
```

```
MATCH p=(n)-[:FCD *1..]→(m)
where n.Name starts with "free" and n.Params=m.Params
RETURN p
```

(no changes, no records)

图 2-12　不含 Use After Free 漏洞的函数以及对应的搜索结果

在 2.2.2 小节，并未对内存泄漏的漏洞特征进行正面描述，而是从侧面给出了无内存泄漏缺陷的代码中正常进行内存释放操作的特征描述。因此，在检测内存泄漏缺陷时可通过检测代码是否符合正常释放内存的操作特征来证明函数是否发生了内存泄漏。所以在特征搜索时，若搜索到由两个“Params”属性相同的节点构成的路径，首节点执行了内存分配操作，尾节点执行了内存释放操作，两者的操作对象相同且内存释放操作与内存分配操作相匹配，则说明函数内部没有发生内存泄漏。利用如表 2-14 所示的搜索语句可进行内存泄漏缺陷特征的搜索。

表 2-14　可用于查找内存泄漏缺陷的搜索语句

描述：通过 FCD 关系查找内存泄漏缺陷的 Cypher 语句	
1	match p= (n) — [: FCD ∗1..] —> (m)
2	where n. Name contains ") malloc ("
3	and n. Params=m. Params
4	and m. Name contains " free"
5	return p

最终的搜索结果及搜索文本对象如图 2-13 所示，可以很清楚地观察到搜索结果显示：“no changes，no records”，这表明该函数的内存释放操作符合没有满足正常释放操作的特征描述，因此判断该函数中发生了内存泄漏。

```
1 void CWE401_Memory_Leak__char_calloc_01_bad()
2 {
3     char * data;
4     data = NULL;
5     data = (char *)calloc(100, sizeof(char));
6     if (data == NULL) {
7         exit(-1);
8     }
9     strcpy(data, "A String");
10    printLine(data);
11 }
```

```
MATCH p=(n)-[:FCD *1..]→(m)
where n.Name contains ")malloc(" and  n.Params=m.Params
and m.Name contains "free"
RETURN p
```

(no changes, no records)

图 2－13　具有内存泄漏缺陷的函数以及对应的搜索结果

在为该函数添加相应的内存释放操作进行漏洞修复后，再次利用相同的搜索语句进行特征搜索。此时的搜索结果显示，有一条满足正常释放内存操作特征的函数调用路径，这意味着该函数中已不存在内存泄漏缺陷。修复后的函数内容与最终的搜索结果如图 2－14 所示。

```
1 void CWE401_Memory_Leak__char_calloc_01_bad()
2 {
3     char * data;
4     data = NULL;
5     data = (char *)calloc(100, sizeof(char));
6     if (data == NULL) {
7         exit(-1);
8     }
9     strcpy(data, "A String");
10    printLine(data);
11    free(data);  /*释放内存*/
12 }
```

```
MATCH p=(n)-[:FCD *1..]→(m)
where n.Name contains ")malloc(" and n.Params=m.Params
and m.Name contains "free"
RETURN p
```

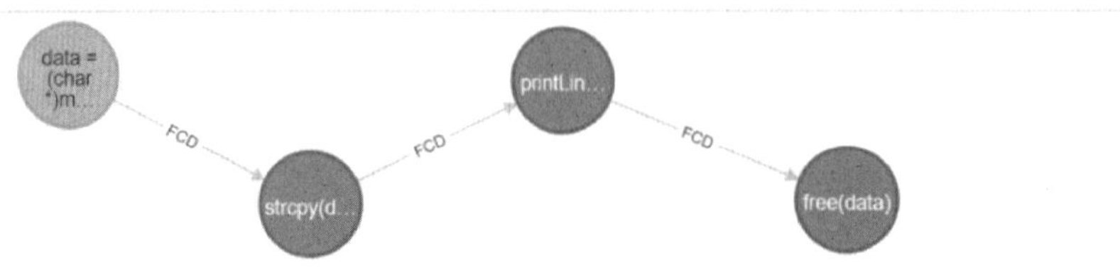

图 2－14　不含内存泄漏缺陷的函数以及对应的搜索结果

需要注意的是，以上搜索语句的编写除了需要满足漏洞特征描述外，还需了解被检测代码中敏感函数的使用情况。尽管内存的分配和释放操作都需要通过之前提到的“malloc”“free”等固有的敏感函数或关键字执行，但不排除有些代码会根据业务需求或其他考虑将这些敏感函数或关键字进行二次或多次封装，这就要求在编写搜索语句时需要提前收集代码对敏感函数的使用情况。当检测对象是 Linux 内核代码时，可根据资料[88] 中收集到的敏感函数结合 Linux 内核的使用规律来辅助搜索语句的编写。

2.3　实验与分析

为了评估我们提出的静态漏洞检测框架 StatisCG 的性能，本节首先介绍实验的数据来源及规模，然后分别在 SARD 数据集、NVD 数据集及第三方数据集上进行三种漏洞的检测实验，同时在 Checkmarx CxSAST、TscanCode 等多个静态分析工具上进行漏洞检测效果的对比实验。

2.3.1　实验数据介绍与处理

实验所使用的数据由 4 个数据集构成。其中有 3 个数据集的数据均来源于 SARD 数据库，且 3 个数据集的数据内容分别只包含编号为 CWE－401、CWE－415 和 CWE－416 的漏洞数据。本研究从 SARD 数据库中任意选取了 900 个漏洞文件，其中编号为 CWE－401、CWE－415 与 CWE－416 的漏洞文件数量各占 300。另外，SARD 数据库中的每个漏洞文件中均含有若干个函数，若某函数名以“bad”为后缀，则表明该函数发生了相应的漏洞，称为漏洞函数，而函数名的后缀中含有“good”的函数则通常表示该函数修复了相应的漏洞，称为非漏洞函数。但这种规律并不绝对，因此我们对每条数据都进行了必要的人工校验，对于不符合要求的数据会进行手动修复。图 2－15 展示了经过校验后的个别漏洞函数以及对应的非漏洞函数，两者内容之间的区别仅在于在第 13 行的 if 判断条件。从漏洞文件中收集数据时，仅从每个漏洞文件中选取两个函数，其中漏洞函数与非漏洞函数各一个，分别作为正、负样本。最终来自 SARD 数据库的漏洞数据总计 1800 条，其中正负样本比例为 1∶1。为简化描述，本书根据其包含的数据类别将三个数据集分别命名为 CWE401、CWE415 和 CWE416。

NVD 数据库披露的漏洞数据均来自各种常见软件中的安全缺陷，为进一步验证漏洞检测框架 StavisCG 的检测性能，本书从 NVD 数据库中专门选取了 50 条编号为 CWE－401 的漏洞数据作为正样本，这些漏洞数据均来自 Asterisk、FFmpeg、Libarchive、Libming、Linux Kernel、Wireshark 开源项目或平台，漏洞披露时间跨度为从 2015 年至 2019 年。另外，Devign[89] 提供的人工标注的数据集收集了来自 Linux Kernel、QEMU、Wireshark 和 FFmpeg 四个常见的开源软件出现过的漏洞函数，相关工作人员将四个开源软件的代码提交记录分为两大类，第一个类别为用于修复漏洞的提交，第二类则属于非漏洞修复的提交，然后从不同类别的提交中提取出相应的漏洞函数和非漏洞函数。本研究从该数据集中任意选取了 550 条非漏洞函数作为负样本，由此构成的第 4 个数据集的数据总量为 600 条，其中正负样本的比例为 1∶11。为简化描述，将该数据集命名为“Devign”。

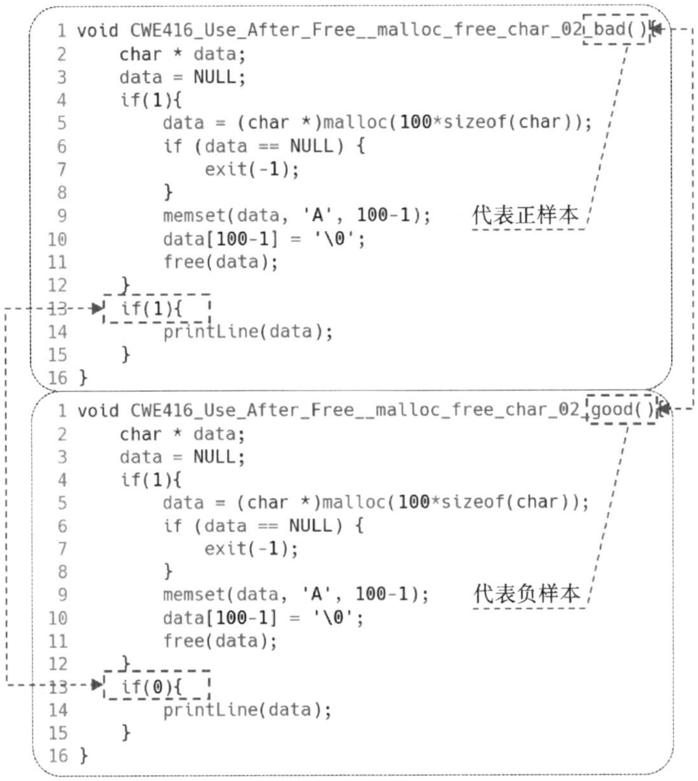

```
1 void CWE416_Use_After_Free__malloc_free_char_02_bad(){
2     char * data;
3     data = NULL;
4     if(1){
5         data = (char *)malloc(100*sizeof(char));
6         if (data == NULL) {
7             exit(-1);
8         }
9         memset(data, 'A', 100-1);     代表正样本
10        data[100-1] = '\0';
11        free(data);
12    }
13    if(1){
14        printLine(data);
15    }
16 }
```

```
1 void CWE416_Use_After_Free__malloc_free_char_02_good(){
2     char * data;
3     data = NULL;
4     if(1){
5         data = (char *)malloc(100*sizeof(char));
6         if (data == NULL) {
7             exit(-1);
8         }
9         memset(data, 'A', 100-1);     代表负样本
10        data[100-1] = '\0';
11        free(data);
12    }
13    if(0){
14        printLine(data);
15    }
16 }
```

图 2-15　CWE 数据集中某正负样本内容对比

2.3.2　实验环境与评价指标

实验所涉及的所有算法均由 Python 语言编写，实验过程所使用的操作系统为 Windows 10 家庭版和 Linux Ubuntu 20.04，用于代码知识图谱存储的软件为 Neo4j Desktop 1.4.15。实验环境的硬件配置和参数分别为 Ryzen7 4800U、Radeon Graphics 512，内存和硬盘容量分别为 16 GB、512 GB。

本研究采用漏报率（FNR）、误报率（FPR）、查准率（Precision）、召回率（Recall）及 F1 共 5 项指标对漏洞检测框架进行性能评估。指标的计算方法如表 2-15 所示。

表 2-15　各项评估指标的计算公式

指标	计算公式
FPR	FP/(FP+TN)
FNR	FN/(FN+TP)
Precision	TP/(TP+FP)
Recall	TP/(TP+FN)
F1-score	$\frac{2\times \text{Precision}\times \text{Recall}}{\text{Precision}+\text{Recall}}$

表 2 - 5 中各项指标的计算涉及了 FP、FN、TP 和 TN 这四类样本，不同类别样本的名词解释和具体描述如表 2 - 16 所示。

表 2 - 16　样本类别与对应描述

样本类别	描述
FP（False Positive）	被认定为正样本，事实上是负样本
FN（False Negative）	被认定为负样本，事实上是正样本
TP（True Positive）	被认定为正样本，事实上是正样本
TN（True Negative）	被认定为正样本，事实上是正样本

2.3.3　实验结果展示与分析

为评估静态漏洞检测框架 StavisCG 的性能，分别在 CWE - 401、CWE - 415、CWE - 416 和 Devign 共四个数据集上进行漏洞检测实验，同时在 Checkmarx CxSAST、Tscancode、Cppcheck 和 FlawFinder 共四种静态代码分析工具上进行漏洞检测性能对比实验。其中 Checkmarx CxSAST 工具是一款由以色列软件公司开发的商业代码分析工具，TscanCode 则是由腾讯公司的团队在开源工具 Cppcheck 基础上进行二次研发的一款静态代码扫描工具。实验所使用的两款软件的版本分别为 Checkmarx 8.7.0 和 TscanCode 2.14。另外，在使用 Cppcheck 和 Flawfinder 进行漏洞检测实验时，这两种工具在四个数据集上均未检测出相应类型的漏洞，因此隐去了相关的实验数据。具体实验数据如表 2 - 17 所示。

表 2 - 17　漏洞检测对比实验的各项评估指标数据

数据集	方法	FNR	FPR	Recall	Precision	F1
CWE - 401	Checkmarx	0.53	0.02	0.47	0.95	0.63
	TscanCode	0.94	0.04	0.06	0.59	0.11
	StavisCG	0.51	0.01	0.49	0.98	0.65
CWE - 415	CheckMarx	0.77	0.02	0.23	0.92	0.37
	TscanCode	0.88	0.04	0.12	0.75	0.21
	StavisCG	0.72	0.05	0.28	0.87	0.42
CWE - 416	CheckMarx	0.66	0.02	0.34	0.95	0.50
	TscanCode	0.95	0.03	0.05	0.58	0.09
	StavisCG	0.28	0.06	0.72	0.93	0.81
Devign	CheckMarx	0.90	0.04	0.10	0.20	0.13
	TscanCode	0.98	0.03	0.02	0.06	0.03
	StavisCG	0.62	0.02	0.38	0.66	0.48

表 2 - 17 展示了所有实验的最终数据，单从 F1 的角度评估，可以从图 2 - 16（a）观察到本书提出的 StavisCG 模型仅在数据集 CWE - 401 上的检测性能与 Checkmarx 不分上下，

优势并不突出，但在数据集 CWE - 415、CWE - 416 和 Devign 上的检测效果要明显优于另外两种模型，最低提升幅度为 13%，而在 CWE - 416 数据集上的检测性则能远远超过另外两种模型。从总体上看，由于数据集 Devign 是由各种开源软件中的漏洞数据构成的，导致三种模型在 Devign 上的检测效果都相对较差。从查准率（Precision）的角度评估，StavisCG 模型并未在所有数据集上取得优势，从图 2 - 16（b）可以观察到 StavisCG 在 CWE - 415 和 CWE - 416 这两个数据集上的查准率要低于 Checkmarx，结合查准率计算公式和实验数据可知此现象是 StavisCG 的误报率（FPR）较高导致的，而从实验数据可推算出StavisCG在数据集CWE-415和CWE-416上的误报率最低要比Checkmarx高出1.5倍。

从图 2 - 16（c）中可观察出 StavisCG 在数据集 CWE - 415 和 CWE - 416 上的误报率要明显高于 Checkmarx 和 TscanCode，而这两个数据集分别仅包含编号为 CWE - 415 和 CWE - 416 的漏洞数据，也就是说，StavisCG 在检测这两类漏洞时会出现误报率较高的问题。在 2.2.2 小节中我们给出了这两种漏洞特征的形式描述，并发现这两种漏洞特征极为相似，这也导致 StavisCG 在检测这两种漏洞时的性能不会相差太多。但图 2 - 16（d）可以看出 StavisCG 在 CWE - 415 和 CWE - 416 数据集上的漏报率则要明显低于另外两者。接下来分别对 StavisCG 产生误报和漏报的原因进行分析。

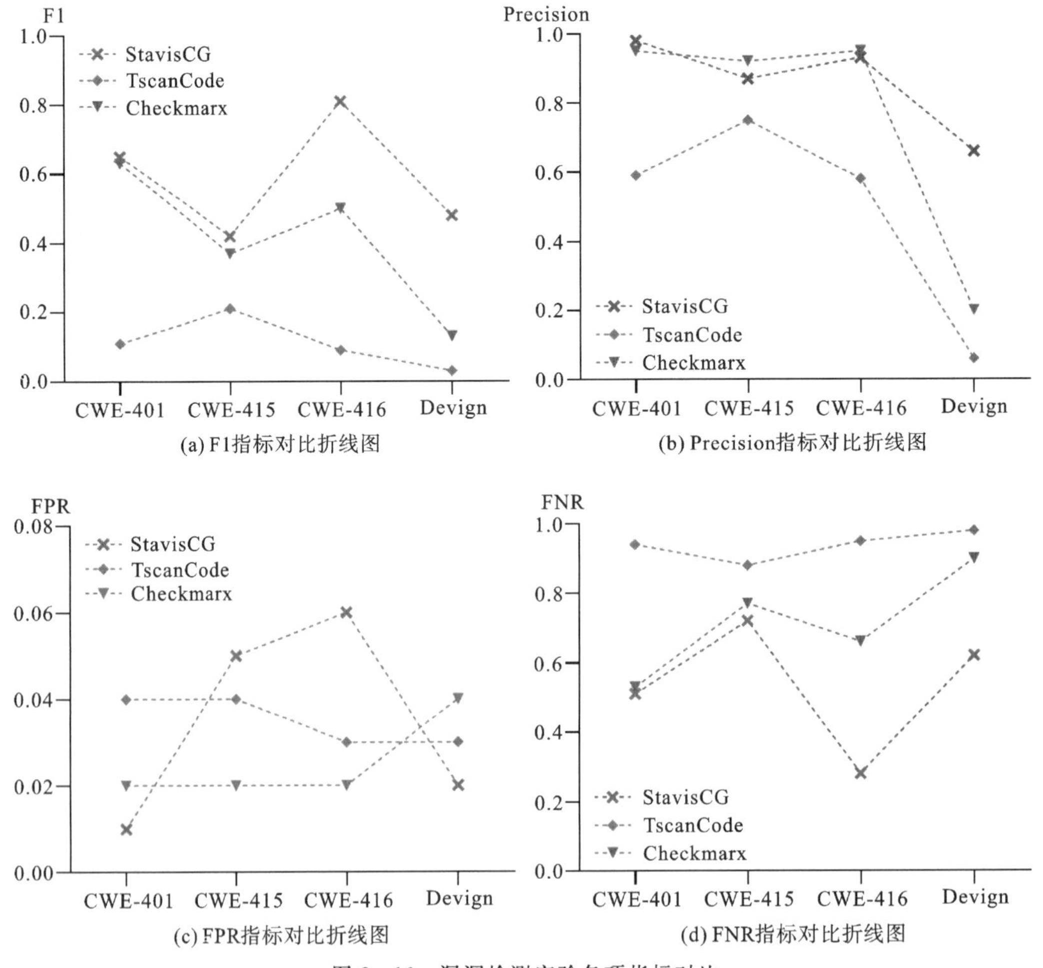

图 2 - 16 漏洞检测实验各项指标对比

以编号为 CWE－416 的漏洞数据为例，图 2－17 展示了 StavisCG 从非漏洞数据中误检测到 Use After Free 漏洞的全过程。StavisCG 首先利用在 2.1 节提出的各种算法从代码文本中提取各种实体和依赖关系，并将实体和关系构建成函数调用图，然后根据漏洞的形式化描述在函数调用图中进行特征匹配。从流程图中可知，StavisCG 成功匹配到了一条函数调用路径，分别由代码文本中的第 5 行、第 11 行和第 14 行构成，其中“data”变量在第 5 行被分配内存，该内存在第 11 行被释放，但是“data”变量在第 14 行又被函数引用。仅从路径上观察，这条路径确实符合 Use After Free 的特征，但是从文本的角度上观察会发现，第 14 行代码并不会被执行，因为第 13 行的“if”判断条件始终无法成立，而 StavisCG 在进行特征匹配时并没有关注这一点，因此导致误报率较高。而 Double Free 和 Use After Free 漏洞特征非常相似，所以导致 StavisCG 在 CWE－415 和 CWE－416 两个数据集上的误判率都较高。

```
 1 void CWE416_Use_After_Free__malloc_free_char_02_good(){
 2     char * data;
 3     data = NULL;
 4     if(1){
 5         data = (char *)malloc(100*sizeof(char));
 6         if (data == NULL) {
 7             exit(-1);
 8         }
 9         memset(data, 'A', 100-1);
10         data[100-1] = '\0';
11         free(data);
12     }
13     if(0){
14         printLine(data);
15     }
16 }
```

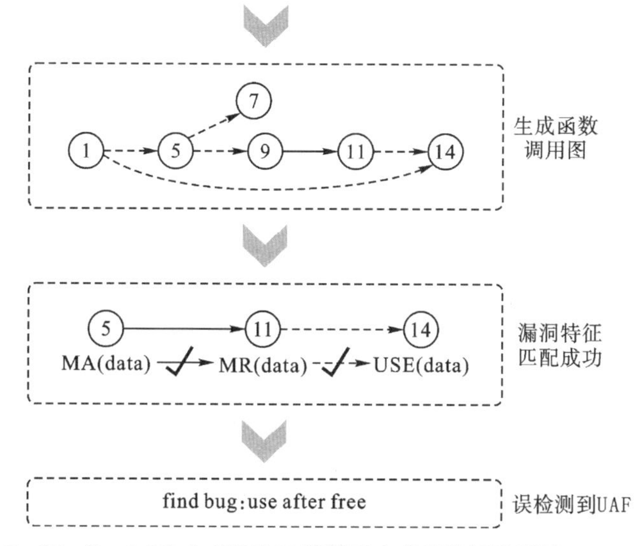

图 2－17　StavisCG 在 CWE416 数据集上的误检测流程图

与 StavisCG 相比，Checkmarx 同样也是通过静态解析的方式进行漏洞检测，Checkmarx 会首先将代码解析成语法树，同时对语法树中的数据流进行分析，然后通过将数据流存储到数据库中得到一个庞大的数据网，最终根据相应的规则进行数据流匹配。而实验中的数据是单个漏洞函数，并没有提供完整的数据环境，这一点导致 Checkmarx 因为无法正确解析数据流导致漏报率较高。而 StavisCG 同样也没有获取到完整的数据环境，但是在编写 Cypher 语句时可以通过关注某些敏感函数或敏感关键字的使用情况来弥补数据环境的不完整。图 2 - 18 展示了 StavisCG 框架在检测 Devign 数据集中编号为 CVE - 2019 - 19082 漏洞文件时的检测流程图，得益于 StavisCG 在进行漏洞特征匹配之前收集了大量的 Linux Kernel 中敏感函数的使用情况，因此在进行特征匹配时会根据漏洞的特征对相关函数进行识别。例如，在识别 Linux Kernel 的内存泄漏缺陷时，会对“malloc - free”“new - delete”和“kzalloc - kzfree”这种涉及内存释放与分配函数对的使用情况进行检测，当无法检测到完整的函数对时则表明该函数内部发生了内存泄漏缺陷。而另外两种模型均无法准确识别出 Linux Kernel 中的涉及内存操作的敏感函数，因此 StavisCG 在 CWE - 416 数据集上的漏报率要低于另外两种模型。

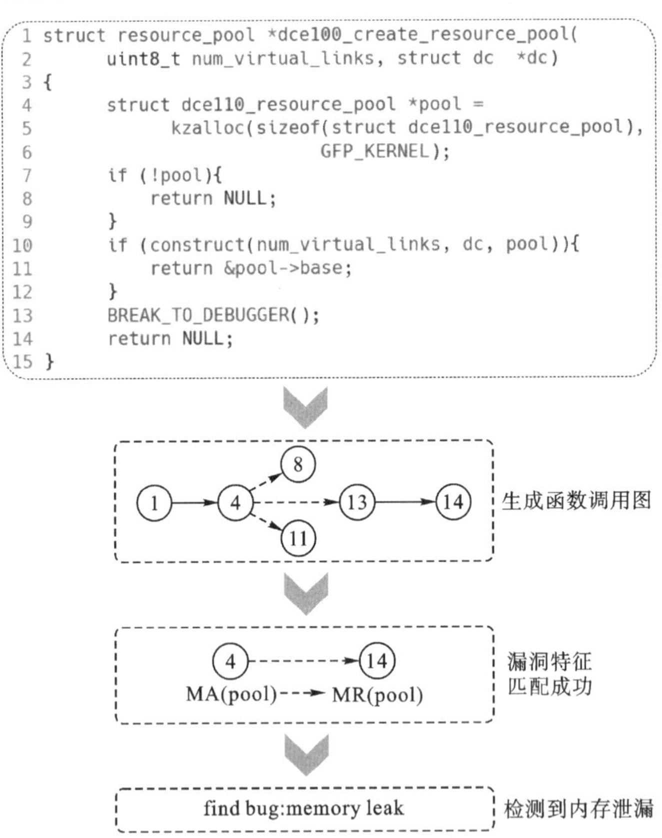

图 2 - 18　StavisCG 在 CVE - 2019 - 19082 数据上的检测流程图

为了进一步评估漏洞检测框架的稳定性和检测效率，本书在 CWE - 401、CWE - 415、CWE - 416 及 Devign 四个数据集上对三种漏洞检测模型进行了效率评估。我们在每个数据集上对每种检测模型都进行了 20 次效率评估，记录了检测模型在不同数据集上所消耗的检测时间，共进行了 240 次实验漏洞效率评估实验。实验最终数据如图 2 - 19 所示，从图中可以观察到 TscanCode 与 StavisCG 两种模型在四种数据集上所消耗的检测时间都较少，且检测速度对数据集敏感度较低。而 Checkmarx 模型消耗的时间总体较高，其检测效率对数据集敏感度较高，在 CWE - 401 数据集上的时间消耗最多，达到了近 200 s，而在 Devign 数据集上需要 60 s 左右的时间。总体而言，TscanCode 检测速度非常快且对数据敏感度较低，但其检测准确率与其他性能均相对较差，Checkmarx 在检测速度与数据敏感度均表现一般。与 TscanCode 相比，尽管 StavisCG 的检测速度相对较慢，但其检测的准确率和对数据的敏感度等其他评估指标均表现良好。

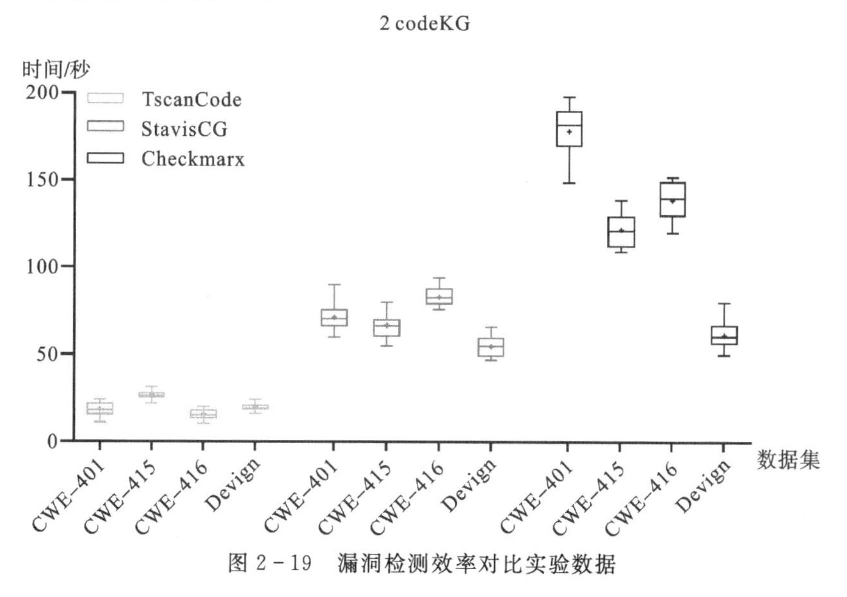

图 2-19　漏洞检测效率对比实验数据

» 第3章

基于事件抽取的软件漏洞严重性智能识别方法研究

3.1　事件抽取的概念和任务

在事件抽取领域，典型的针对事件抽取任务的评测任务有 ACE（Automatic Context Extraction，自动内容抽取），根据 ACE 对事件抽取的任务定义，事件是指：“事件是状态的变化，表示在特定时间和特定地点所发生的特定事件，由一个或者多个角色参与的一个或者多个动作组成的事件或者状态的改变”。事件抽取包含两大核心子任务，即事件的检测与类型识别和事件论元角色的抽取。而要进行任务前要先确定事件的组成元素，包含触发词、事件类型、论元以及论元角色。具体例子比如：在 Baghdad，当一辆美国的坦克对着 Palestine 酒店开火时有一个摄影师死去了。这句话的组成元素如表 3－1 所示。

表 3－1　事件抽取案例

<table>
<tr><th>事件类型</th><th>触发词</th><th>论元</th><th>论元角色</th></tr>
<tr><td rowspan="3">死亡</td><td rowspan="3">死去</td><td>摄影师</td><td>受害者</td></tr>
<tr><td>美国坦克</td><td>工具</td></tr>
<tr><td>Baghdad</td><td>地点</td></tr>
<tr><td rowspan="4">攻击</td><td rowspan="4">开火</td><td>摄影师</td><td>目标</td></tr>
<tr><td>Palestine 酒店</td><td>目标</td></tr>
<tr><td>美国坦克</td><td>工具</td></tr>
<tr><td>Baghdad</td><td>地点</td></tr>
</table>

通过表格可以了解到事件的四个组成元素，主要概念如下：

1. 事件触发词（EventTrigger）

事件触发词在某个事件中能够代表事件发生的标志性词语。触发词反映了事件的最重要特征，因此事件的类型可以依据触发词来进行划分，事件类型的识别任务也是针对触发词来展开的。触发词一般是一个动词性质的词，既可以是动词，也可以是名词或者短语。

2. 事件元素（Argument）

事件中的参与者，即与事件相关的实体和实体属性信息。实体是指具有特定语义的基本单元，如时间、人物、地点、数量、组织机构等。论元与事件触发词的位置可能间隔较远，待检测的论元常常以跨句的、隐式的形式出现。同时，文本分词后得到的单个字或词语通常不是完整的论元，而只是论元的一部分，确定论元在句中的起止位置是研究者们面临的一项挑战。

3. 事件元素角色（Role）

每事件论元在相应的事件中扮演的角色，论元在特定的事件类别中可以有具体的角色。本书将事件论元的角色分成主体、客体、时间和地点四大类，进行通用的论元角色提取。

4. 事件类别与子类别（Type/Subtype）

事件的类别一般由事件元素和触发词决定，在不同的事件抽取数据集中有不同的事件类别划分方式。

根据事件有无触发词，事件抽取还可以分为有触发词和无触发词的事件抽取。一般而言，触发词都是句子中的核心词，一般情况下是动词居多，有时候也可以是名词。由于当前事件抽取领域使用最广泛的 ACE2005 数据集里使用了事件触发词，导致当前有很多研究都是通过触发词来判断事件类型的，进行的大都是有触发词的事件抽取，此时也有两种主流方法构建模型，一种是管道抽取模型，一种是联合抽取模型。管道抽取模型实际上是将实体关系抽取的任务进行拆分，划分为两个子任务。首先是事件触发词识别，通过识别的触发词可以进行事件类型的分类，然后再进行事件抽取任务。管道模型的好处是比较容易实现，并且灵活性高，设计简单，但也存在一些缺点，比如误差积累，触发词识别的错误会进一步影响事件抽取的结果。还有交互缺失，分开进行两个子任务，会忽略了两个任务之间的依赖关系和内在的联系。联合抽取是将触发词识别与事件论元抽取任务进行联合建模，同时完成触发词和事件论元的抽取。这种抽取方式可以利用两个任务中的潜在联系，在一定程度上能够缓解管道抽取中误差积累的缺点。在近年来很多事件抽取的研究集中于联合模型，本书事件抽取实验中使用的 GlobalPointer 模型就是联合抽取模型。

在实际研究中遇到的无结构化文本中，不一定会如愿地出现明显的触发词，比如句子：一辆从巧家县开往鲁甸县的长途客车在行驶的路途中不慎侧翻坠入江中。这个句子描述的交通事故事件中动词有多个，并没有出现明显的能比较准确反映这个事件的触发词，但很明显这也是一个事件，所以也要想办法对其进行事件抽取。此外，依赖触发词进行的事件抽取会导致事件抽取数据集的标注难度的加大，需要对文本仔细阅读理解才能找到最合适的触发词。而无触发词的数据标注只需标注事件类型、事件元素和论元即可，本书实验的 CRF 模型就是不依赖触发词的，可以得到很高的 F1 性能。

3.2 基于 EEGC 的中文漏洞报告事件抽取分析

本章对中文漏洞报告进行事件抽取，提出了用 EEGC 分析框架来指导事件抽取任务的进行，详细分析了中文漏洞报告的特殊性以及如何针对性地进行处理，最后采用基于全局归一化思想的 GlobalPointer 模型和 CRF 模型对中文漏洞报告进行事件抽取实验，并对这两种模型进行比较分析。

3.2.1 事件抽取任务分析

本章将事件抽取分为两个部分进行，首先是针对事件抽取在中文漏洞报告中的特殊情况定义 schema，然后再根据定义好的 schema 进行事件抽取方法的应用。

当前 CNVD 的中文漏洞报告本身是一种半结构化的数据，首先从官方提供的共享数据下载 xml 文件，xml 文件包含漏洞的详细信息，比如漏洞的 CNVD 的 ID、标题、描述等，实验仅仅使用漏洞报告描述，其内容是非结构化的数据。通过观察大量数据，发现大部分都遵循 CNNVD 官方网站给出的漏洞详情要求，都含有受影响实体厂商名称、受影响实体分类和名称以及版本等信息，这给对漏洞报告的分析以及事件抽取提供了更大的便利。可以方便地针对中文漏洞报告定义出合适的 schema。在数据的事件 schema 定义阶段，可以根据这些属性进行漏洞的 schema 定义，这也可以看出，所有不同类型漏洞的 schema 其实属性都是可以定义成一样的，这也是中文漏洞报告与其他领域的事件抽取不同的地方。

这里提出了使用基于 GlobalPointer 模型和 CRF 模型进行中文漏洞报告事件抽取的分析方法，简称为 EEGC 框架，主要原理如图 3－1 所示。该框架分别使用两种方法对漏洞报告进行事件抽取，然后通过后边的实验验证后，综合分析两种方法的优劣以及适用场景，选取最合适的方法生成漏洞事件结构化数据。

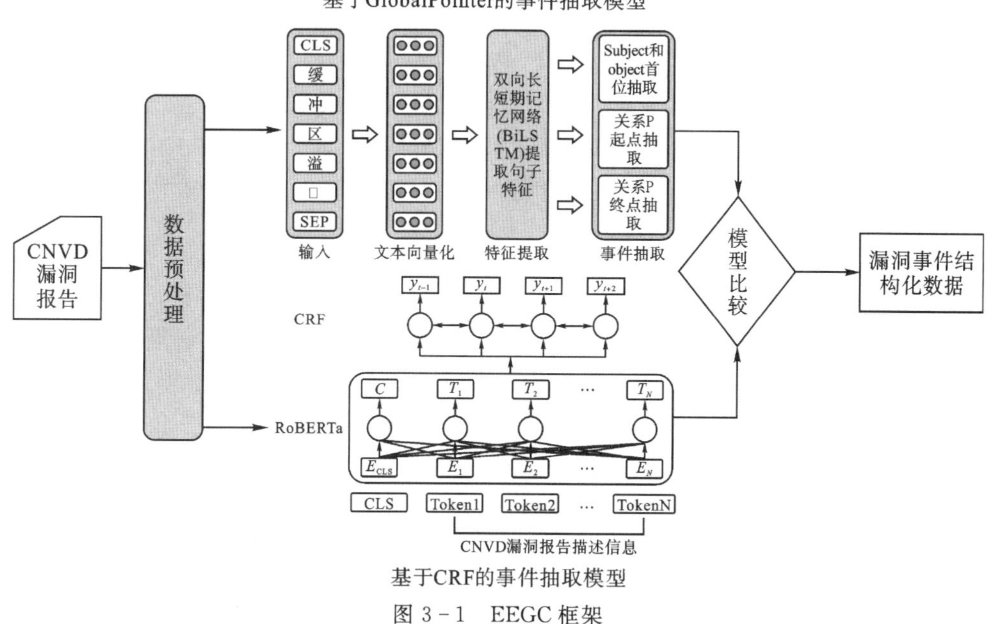

图 3－1　EEGC 框架

3.2.2　数据预处理

根据图 3－1 所示的 EEGC 框架图，以及 CNVD 漏洞报告特点，进行数据预处理，主要分为 schema 定义、数据标注、文本数据向量化表示三部分。

1. schema 定义

schema 定义前，首先要确定事件抽取是文档级事件抽取还是句子级事件抽取，这对后续数据集如何标注有很大的指导意义。很多事件抽取的工作关注于句子级别的事件抽取，这意味着一个句子中会出现所有论元，但这不一定合理，因为一个事件本身的表达是很复杂的，在对事件的理解中，通常需要通过联系当前句子的上下文语义进行理解才能获取完整的事件信息。比如在表 3－2 中的一个 CNVD 漏洞报告，分为 3 个句子，第三个句子不能提供漏洞信息可以忽略。可以看到，在 S1 句子中的产品“F5 BIG－IP VE”所存在的漏洞类型是“资源管理错误漏洞”，而这个漏洞类型在下一个句子 S2 中才提及，所以单个句子提供的事件信息是有限的，故而本实验的漏洞报告采用文档级事件抽取。

表 3-2　文档级事件抽取案例

非结构化文本	结构化事件信息
S1：F5 BIG-IP 是美国 F5 公司的一款集成了网络流量管理、应用程序安全管理、负载均衡等功能的应用交付平台 S2：F5 BIG-IP VE 产品存在资源管理错误漏洞，该漏洞源于在 vSphere 上启用（SR-IOV），可能会处于无法传输流量的状态 S3：目前没有详细的漏洞细节提供	事件类型：资源管理错误 产品：F5 BIG-IP VE 定义：集成了网络流量管理、应用程序安全管理、负载均衡等功能的应用交付平台 公司：美国 F5 公司 漏洞：资源管理错误漏洞 原因：在 vSphere 上启用（SR-IOV）

通过观察 CNVD 官网的漏洞报告描述信息，经过分析定义好 schema，从而指导后续的事件抽取任务。对于事件类型的定义，可以根据漏洞类型来确定事件类型，比如 SQL 注入漏洞，跨站脚本漏洞等，这些事件类型可以由事件触发词来触发，但这里使用的 Global-Pointer 模型是一个联合抽取模型，对触发词不敏感。基于 CRF 的模型抽取的是三元组，不需要依赖触发词，因此事件触发词并不重要，只需定义好事件类型和事件论元即可。所以事件触发词的定义可以跟事件论元统一起来，即每一个论元都可以看作是事件触发词，在默认情况下，选取漏洞名称，比如跨站脚本漏洞作为触发词。如果一个漏洞描述信息中没有出现漏洞名称，可以使用漏洞其他的论元作为触发词，比如使用漏洞造成的结果作为触发词或者使用其他论元，这样的好处是可以避免某些描述信息事件论元出现的不完全，导致这个漏洞描述信息因缺乏触发词而提取不到任何信息，适用性更广，如表 3-3 就是没有具体漏洞名称的漏洞报告，使用了漏洞造成的结果作为触发词。

表 3-3　无漏洞名称的漏洞报告

非结构化文本	结构化事件信息
Liferay Portal 是美国 Liferay 公司的一套基于 J2EE 的门户解决方案。该方案使用了 EJB 以及 JMS 等技术，并可作为 Web 发布和共享工作区、企业协作平台、社交网络等。Liferay CMS Portal version 7.1.3 and 7.2.1 存在安全漏洞，攻击者可利用该漏洞提升其特权	事件类型：跨站脚本 触发词：提升其特权 产品：Liferay Portal 版本：Liferay CMS Portal version 7.1.3 and 7.2.1 定义：基于 J2EE 的门户解决方案 公司：美国 Liferay 公司 结果：提升其特权

实验训练数据的漏洞报告均来源于 CNVD 官网，标注的事件论元名称是根据 schema 定义的事件元素进行标注的，其中事件元素的意义如表 3-4 所示。待论元分析完成后就可以在数据预处理阶段进行训练集和验证集的数据标注。

表 3-4　schema 中事件元素的具体含义

论元名称	意义
产品	受影响的实体产品名称
公司	受影响产品所在公司或者社区、团体等
定义	产品的本质或者产品的属性，可以是软件或者解决方案
版本	产品发生漏洞的版本号
漏洞	产品发生的漏洞类型
利用方式	攻击者攻击漏洞的方法
原因	漏洞发生的原因，可以是某个文件或者代码
结果	漏洞造成的危害

2. 数据标注

首先需要在 CNVD 网站下载官方共享的漏洞报告，这些报告是 xml 格式的文件，需要对这些文件进行处理，提取实验所需的漏洞报告描述信息，以及后续严重性评估所用到的严重性等级信息。从 xml 文件提取完数据后，需要进行数据预处理来获得适合深度学习模型输入所需的格式，首先需要把漏洞报告处理成 json 格式的字符串，如图 3-2 所示，里边的各种 key 包含着漏洞报告的描述信息，严重性等级。然后使用 doccano 标注工具对图 3.2 中的 text 字段对应的文本进行手动标注数据，标注依据是根据 schema 定义来进行的，如图 3-3 所示是使用 doccano 标注后的一条数据。

```
{
  "id": "CNVD-2021-00094",
  "text": "Google TensorFlow是美国谷歌（Google）公司的一套用于机器学习的端到端开源平台。Google TensorFlow存在缓冲区溢出漏洞，该漏洞源于张量缓冲区填充了该类型的默认值，却忘记了默认初始化Eigen中的量化浮点类型。攻击者可利用该漏洞导致缓冲区溢出。",
  "severity": "中",
  "event_list": [
    {
      "event_type": "",
      "trigger": "",
      "trigger_start_index": "",
      "arguments": [],
      "class": ""
    }
  ]
}
```

图 3-2　漏洞报告 json 格式图

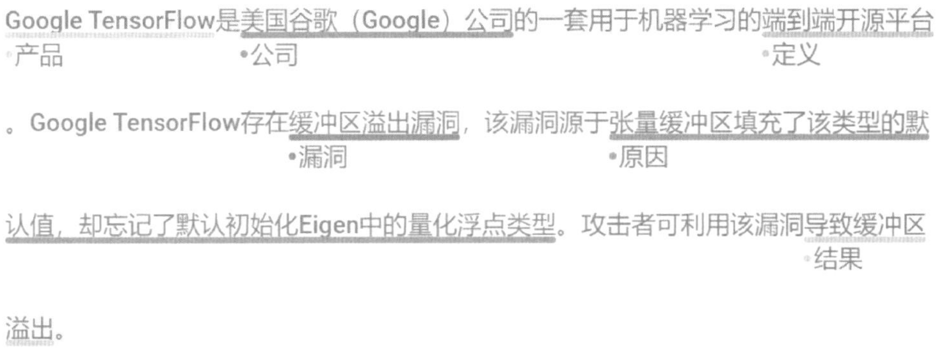

Google TensorFlow是美国谷歌（Google）公司的一套用于机器学习的端到端开源平台
产品 公司 定义

。Google TensorFlow存在缓冲区溢出漏洞，该漏洞源于张量缓冲区填充了该类型的默
漏洞 原因

认值，却忘记了默认初始化Eigen中的量化浮点类型。攻击者可利用该漏洞导致缓冲区
结果

溢出。

图 3-3　doccano 标注的数据格式

然后还需要对标注完成后的数据编写脚本，将格式转换为模型输入的格式，这样才算完成数据集的制作。我们一共人工标注了 600 条数据，对应了 5 个漏洞类型，每一个占用 120 条标注数据。在标注完成数据后，进行训练集的划分，按照 4：1 的比例进行数据训练集和验证集的划分。然后将训练集的数据 text 字段对应的漏洞报告描述文本以及标注的事件论元输入到 BERT 中。

3. 文本数据向量化表示

文本数据经过数据预处理后，就可以输入到深度学习模型中。但在输入前还应进行向量化表示，因为深度学习模型接收的数据是数字化的。这里的向量化表示方法采用的是深度学习中著名的 BERT 预训练模型，实验使用的是 BERT 改进而来的 RoBERTa 模型。

3.2.3　基于 GlobalPointer 的事件抽取模型

根据 EEGC 框架构建事件抽取的模型，事件抽取的模型流程图如图 3-4 所示。主要由以下部分组成：向量表示层、基于双向长短期记忆网络（BiLSTM）的词汇特征提取层，以及实体识别输出层。首先根据输入的句子“缓冲区溢出”，使用 RoBERTa 模型进行词向量的获取，使用的分词是该模型自带的基于字级的分词，获取到文本的向量化表示。

对于 RoBERTa 模型输出的向量，由于文档级事件抽取存在句子过长的情况，所以使用双向循环神经网络（BiLSTM）进行特征抽取，在训练过程中出现减少梯度下降甚至消失的情况，然后把获取的特征输出到 GlobalPointer 模型。

最后先利用 GlobalPointer 抽取 subject 的首尾（i，j）和 object 的首尾位置（i，j），然后利用 GlobalPointer 抽取每一种关系 p 的实体 head 的匹配位置（hi，hj）和实体的尾部 tail 的位置（ti，tj）进行组合，最终输出交集的结果就能抽取出漏洞报告的事件信息。

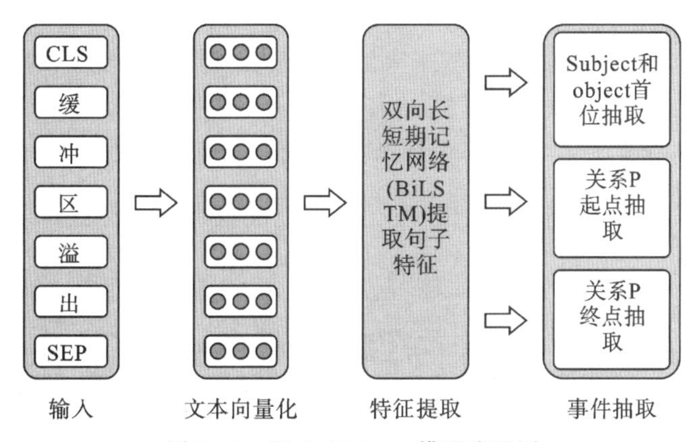

图 3 - 4　GlobalPointer 模型流程图

模型构建代码如图 3 - 5 所示，先加载 BERT 预训练模型权重，然后把 BERT 的输出连接到 BiLSTM 上。

```
148  # 加载预训练模型
149  base = build_transformer_model(
150      config_path=config_path,
151      checkpoint_path=checkpoint_path,
152      return_keras_model=False
153  )
154  output = base.model.output
155  # 预测结果
156  argu_output = GlobalPointer(heads=len(labels), head_size=64)(output)
157  head_output = GlobalPointer(heads=1, head_size=64, RoPE=False)(output)
158  tail_output = GlobalPointer(heads=1, head_size=64, RoPE=False)(output)
159  outputs = [argu_output, head_output, tail_output]
160
161  # 构建模型
162  model = keras.models.Model(base.model.inputs, outputs)
163  model.compile(loss=globalpointer_crossentropy, optimizer=Adam(learning_rate))
164  model.summary()
```

图 3 - 5　GlobalPointer 模型代码构建

3.2.4　基于 CRF 的事件抽取

CRF 在命名实体识别（NER）中使用得比较多，由于本实验的事件抽取实际上也可以简单地看作是抽取（event _ type，role，argument）所构成的三元组，event _ type 是事件类型，role 是事件元素，这两个都是在 schema 定义好的，argument 是事件论元，每一个论元都有对应的事件类型和元素。如果这样的三元组匹配上了就说明预测正确，这样就把事件抽取任务简化为普通的实体标注任务了，这类似于命名实体识别的实体抽取任务，故而可以使用 CRF 模型来对 CNVD 漏洞报告进行事件抽取。

如图 3 - 6 所示，实验采用基于 RoBERTa 的 CRF 模型进行事件抽取，对 CNVD 漏洞报告进行加载，然后使用 RoBERTa 自带的分词进行词的划分，得到 token，输入到 RoBERTa 中，RoBERTa 在训练前先加载了预训练的权重，本实验进行微调没有冻结 RoBERTa 的层数，所有层均参与训练微调。微调后得到的词向量将会输出到 CRF 层，利用 CRF 的转移矩阵来表示各个标签之间的相关性，最后把提取到的实体输出。根据该思路可以构建出模型，构建代码如图 3 - 7 所示。

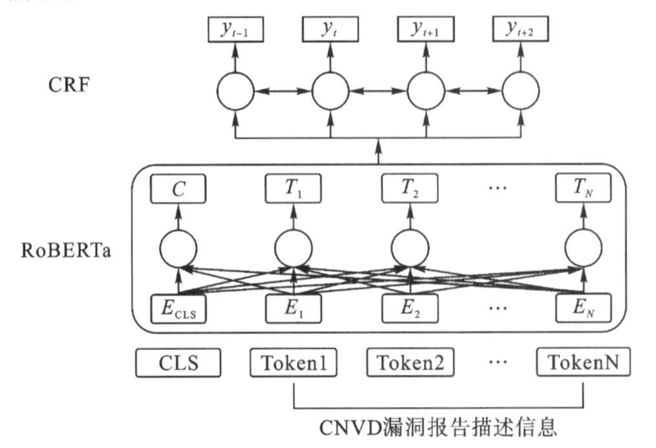

图 3 - 6　基于 RoBERTa 的 CRF 模型

```
108  model = build_transformer_model(
109      config_path,
110      checkpoint_path,
111  )
112
113  output = Dense(num_labels)(model.output)
114  CRF = ConditionalRandomField()
115  output = CRF(output)
116  model = Model(model.input, output)
117  model.summary()
```

图 3 - 7　CRF 模型构建代码

3.2.5　事件抽取方法的实验设计

1. 实验数据集以及预处理

事件抽取实验训练、验证和预测阶段均使用 CNVD 的数据，CNVD 的数据来源于国内重要信息系统单位、基础电信运营商、网络安全厂商、软件厂商和互联网企业建立的国家网络安全漏洞库，经过处理可以应用于事件抽取、命名实体识别、文本分类等领域。官方网站下载的 xml 文件格式如图 3 - 8 所示，一个漏洞报告主要有 CNVD 漏洞 ID，对应为图中的 number 字段，对应 CVE 数据库的 ID，title 以及描述信息，即 description 字段等，处理得到的事件抽取 schema 的 json 文件如图 3 - 9 所示。这样就可以得到 CNVD 的事件信息数据集，之后可以进行应用。

```xml
<vulnerabilitys>
    <vulnerability>
        <number>CNVD-2020-74933</number>
        <cves>
            <cve>
                <cveNumber>CVE-2020-6245</cveNumber>
            </cve>
        </cves>
        <title>SAP Business Objects Business Intelligence Platform注入漏洞</title>
        <serverity>中</serverity>
        <products>
            <product>SAP Business Objects Business Intelligence Platform 4.2</product>
        </products>
        <isEvent>通用软硬件漏洞</isEvent>
        <submitTime>2020-05-13</submitTime>
        <openTime>2020-12-29</openTime>
        <referenceLink>https://nvd.nist.gov/vuln/detail/CVE-2020-6245</referenceLink>
        <formalWay>目前厂商已发布升级补丁以修复漏洞，补丁获取链接：&#xD;
            https://wiki.scn.sap.com/wiki/pages/viewpage.action?pageId=545396222
        </formalWay>
        <description>SAP Business Objects Business Intelligence
            Platform是德国思爱普（SAP）公司的一套商业智能软件和企业绩效解决方案套件。该产品具有报告生成、分析和数据可视化等功能。

            SAP Business Objects Business Intelligence Platform 4.2版本中存在安全漏洞。攻击者可利用该漏洞在应用程序中执行注入的文件或代码
        </description>
        <patchName>SAP Business Objects Business Intelligence Platform注入漏洞的补丁</patchName>
        <patchDescription>SAP Business Objects Business Intelligence
            Platform是德国思爱普（SAP）公司的一套商业智能软件和企业绩效解决方案套件。该产品具有报告生成、分析和数据可视化等功能。&#xD;
            &#xD;
            SAP Business Objects Business Intelligence Platform 4.2版本中存在安全漏洞。攻击者可利用该漏洞在应用程序中执行注入的文件或代码
            目前，供应商发布了安全公告及相关补丁信息，修复了此漏洞。
        </patchDescription>
    </vulnerability>
```


图 3-8　CNVD 漏洞报告 xml 文件


```json
{"event_type": "跨站脚本","role_list": [{"role": "产品"},{"role": "公司"},{"role": "定义"},{"role": "版本"}, {"role": "漏洞"}, {"role": "利用方式"}, {"role": "原因"}, {"role": "结果"}], "id": "804336473abe8b8124d00876a5387152", "class": "跨站脚本"}
```


图 3-9　schema 定义好的格式

2. 实验设置

对于实验数据集的设置，下载近三年 CNVD 的数据，按照人工标注其中的 600 条数据进行实验，按照 4∶1 的比例设置训练集和验证集，事件抽取任务的评测标准使用准确率 P(Precision)、召回率 R(Recall) 以及 F1 值(F1 scores) 来作为抽取结果的性能指标，剩下的 7000 条未标注的数据则用来生成漏洞严重性评估实验的数据集，作为事件信息融入实验。

本实验代码使用 Python 语言，版本为 3.7，实验环境使用 keras 进行模型的训练，Keras 是一个由加拿大蒙特利尔大学开发的深度学习库，其基于 TensorFlow 和 Theano，是由纯 Python 编写而成的高层神经网络 API，也仅支持 Python 开发。这里使用的后端是 tensorflow 框架，版本是 2.2，所使用的服务器配置的主要信息如表 3-5 所示。

表 3-5　服务器配置信息

操作系统	Ubuntu 18.04.5 LTS (Bionic Beaver)
CPU	Intel (R) Xeon (R) Platinum 8255C
内存大小	45 GB
硬盘大小	50 GB SSD
显卡型号	RTX 2080 Ti * 1
显卡显存	11 GB

实验使用的 BERT 模型是 RoBERTa，隐藏层共有 12 层，输出向量的维度是 768 维，使用的 attention-head 是 12，之后把得到的向量作为双向长短期记忆网络（BiLSTM）的输入，有 128 个隐藏单元，然后把提取的特征输出给 GlobalPointer 模型，进行实体的头尾

位置提取。

3.2.6 模型比较

GlobalPointer 模型的实验是需要触发词的，是一个联合抽取触发词和事件论元的方法，但又不需要严格定义触发词，不像其他领域触发词必须是动词或者名词，即触发词不是句子或者文档最核心的词也不影响，只要有即可，实验结果输出是一个或者多个完整的事件，每一个事件都由事件类型、事件元素和事件论元组成。而 CRF 是抽取三元组的，不需要触发词，把事件抽取任务当作普通的命名实体识别任务，由于只关注三元组的抽取，实现更简单，匹配到正确的标签更容易，所以性能会更强。事件抽取的结果是一个一个类似（事件类型、事件元素、事件论元）的离散的三元组，并不是一个完整的事件，还需要进一步整理才能得到完整的事件。此外，CRF 在预测事件时会出现一些无意义的结果，这将在实验验证章节详细说明。这两种方法使用哪一种要根据实际应用场景确定，如果是构建事件图谱，使用 CRF 更好，如果在漏洞报告严重性评估中，使用 GlobalPointer 更好，因为在评估中需要融入事件知识，而 GlobalPointer 输出的是完整的事件，能提供更多事件信息。

3.3 基于 EICNN 的中文漏洞报告严重性评估

本章提出了一种新型的漏洞分析方法，即仅根据漏洞描述和事件信息融合来预测软件漏洞的严重程度。这种新型的漏洞分析可以简化非安全专家的漏洞管理和优先级划分，因为它只需描述漏洞如何工作的“表层”信息（即漏洞的描述信息）。基于这种分析方法，我们提出了使用深度学习模型的文本分类方法来支持这种漏洞分析方法，该深度学习方法称为融合事件信息的卷积神经网络（EICNN）。深度学习方法的选择是由它们为预测任务自动学习单词和句子表示的能力驱动的，从而消除了由于软件漏洞的多样性和漏洞描述信息的丰富性而对人工特征工程的需求。

3.3.1 事件信息在漏洞报告严重性评估中的应用

实验采用的模型是 textCNN 模型，然后在该模型基础上加入全连接层输入事件信息，即这是一个有两个输入和一个输出的模型。这就是 EICNN 方法的主要原理，其结构图如图 3-10 所示，首先获取 CNVD 描述信息和事件信息，然后分别进行数据处理，使用 Word2Vec 进行向量化，CNVD 描述信息输入到 textCNN 网络，而事件信息输入到全连接网络进行特征提取，然后把两者的特征向量进行拼接，融合到一起，再经过线性全连接层和 softmax 层作为解码器进行三分类的输出。

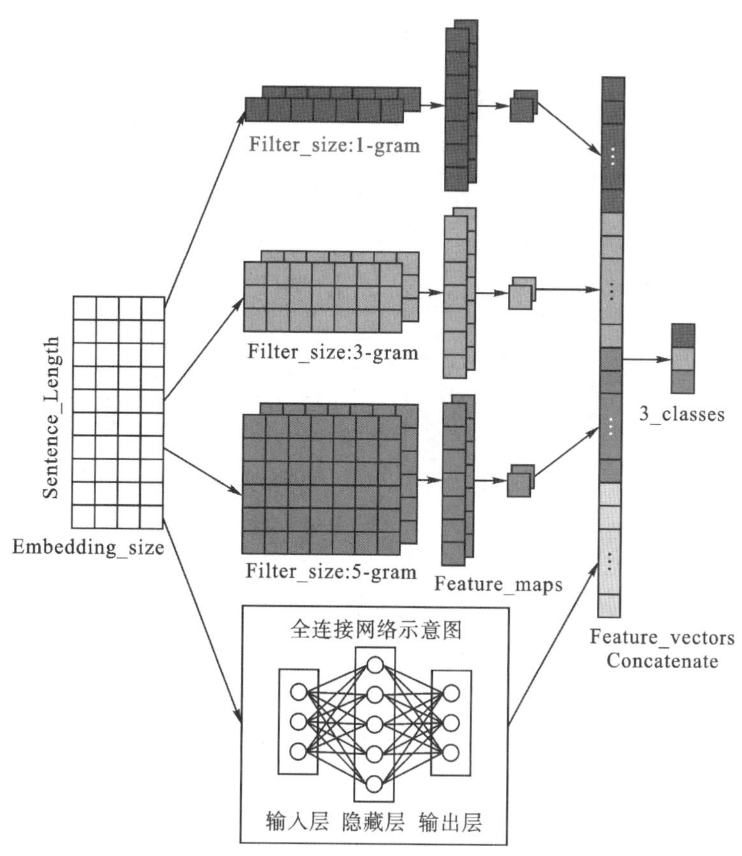

图 3-10　EICNN 模型构建图

EICNN 输入的训练数据一部分来源于漏洞报告本身的描述信息，另一部分基于本章进行的漏洞事件抽取分析的事件信息，通过 EEGC 框架的分析会选取效果更好的基于 GlobalPointer 的事件抽取模型来生成事件内容。如图 3-11 所示，图中 text 字段对应的文本内容是漏洞报告描述信息，event_type 字段表示抽取的一个事件结果，role 字段指的是事件元素，argument字段是事件论元，由图可知，图中抽取了两个事件，每个事件由图中的event_type 和后边的 arguments 列表中的内容组成。由于事件抽取可能存在从一个漏洞报告抽取出多事件的情况，或者由于漏洞报告内容的高度相似导致抽取的事件论元存在相同的情况，故而在生成事件内容后，需对抽取到的事件信息进行事件融合、去重，具体的操作是把对同一个漏洞报告抽取的多个事件的论元进行合并，如果存在相同的论元则弃掉，只保留一个，这样做的优点是可以避免单事件抽取的性能可能不够，但是合并的操作可以选取描述信息更好的论元，比如图中两个结果对应的论元内容不同，可以两个都选取，也可以只选取第一个作为结果，因为第一个描述信息更丰富。此外，如果存在抽取论元数量不同，那么可以取并集，然后去掉重复的论元，这样可以避免模型预测表现差的事件结果对后续应用在分类任务时产生影响。

```
{
 "text": "libjpeg是一款用于处理JPEG格式图像数据的C语言库。该产品包括JPEG解码、JPEG编码和其他JPEG功能。libjpeg-turbo是libjpeg的一个优化改进版本。libjpeg-turbo 2.0.4版本和mozjpeg 4.0.0版本中的rdppm.c文件的'get_rgb_row'函数存在缓冲区溢出漏洞，远程攻击者可借助特制PPM输入文件利用该漏洞获取敏感信息或导致应用程序崩溃（拒绝服务）。",
 "id": "CNVD-2021-31261", "serverity": "中", "event_list": [
 {"event_type": "缓冲区溢出", "arguments": [
   {"role": "产品", "argument": "libjpeg"},
   {"role": "利用方式", "argument": "借助特制PPM输入文件"},
   {"role": "原因", "argument": "rdppm.c文件的'get_rgb_row'函数"},
   {"role": "定义", "argument": "用于处理JPEG格式图像数据的C语言库"},
   {"role": "漏洞", "argument": "缓冲区溢出漏洞"},
   {"role": "结果", "argument": "获取敏感信息或导致应用程序崩溃（拒绝服务）"}]},
 {"event_type": "缓冲区溢出", "arguments": [
   {"role": "产品", "argument": "libjpeg"},
   {"role": "利用方式", "argument": "借助特制PPM输入文件"},
   {"role": "原因", "argument": "rdppm.c文件的'get_rgb_row'函数"},
   {"role": "定义", "argument": "用于处理JPEG格式图像数据的C语言库"},
   {"role": "漏洞", "argument": "缓冲区溢出漏洞"},
   {"role": "结果", "argument": "应用程序崩溃（拒绝服务）"}]}]}
```

图 3－11 多事件抽取结果图

3.3.2 软件漏洞报告严重性等级分析

在 EICNN 模型中，最终输出的结果就是漏洞严重性等级，缺陷漏洞报告往往会提供漏洞的危害性等级，这可以明确漏洞的危害性。当一个缺陷漏洞被披露时，网络安全专家就会根据漏洞所披露漏洞造成的影响，环境因素等指标进行严重性等级评估，CNVD 把漏洞分为高危、中危、低危三个等级，图 3－12 是 CNVD 官方网站的漏洞严重程度图，图 3－13 是实验中采用的数据集的漏洞不同严重等级的占比图。其中高危指的是漏洞能够很容易就对目标产生严重后果；中危指的是漏洞能够对目标产生一般后果，或者比较困难地对目标产生严重的后果；低危则是指漏洞可以对目标造成轻微的后果，或者比较困难地对目标产生一般严重的后果，或者非常困难地对目标对象产生严重后果。很明显，实验数据并不均衡，中危险等级的漏洞数量最多，CNVD 提供的漏洞中，高危占比 35.6%，中危占比 53.5%，低危占比 10.9%。所以实验中使用的部分 CNVD 数据要不要进行数据平衡，需要进一步分析。在本研究中，认为漏洞不平衡，正好说明现实中产生的漏洞就是按照这个比例发生的，虽然很多深度学习的实验都会平衡数据，但这里不会作处理，这样做可以更接近客观现实，而不是单纯为了追求模型的性能而忽略现实中的需求。

对漏洞的严重性评估进行研究存在一定的意义。很多漏洞报告的严重性等级评估都有指标来计算评分，然后综合各项指标得到比较精确的分数，再进行等级划分，比如 CVSS 评分系统。但一个明显的缺点是需要专家来人工分析进行区分，然而每天都有大量的漏洞被披露，分析过程需要大量的人力和时间。如图 3－14 所示是 CNVD 的漏洞产生趋势图，如果每一个漏洞的分析全靠专家进行，会耗费大量时间和精力，所以本节尝试仅从漏洞报告的描述内容进行漏洞严重性的评估，使用深度学习技术学习漏洞文本描述的特征，结合事件抽取任务所生成的数据进行融合应用，以达到更高效的漏洞严重性分类性能。

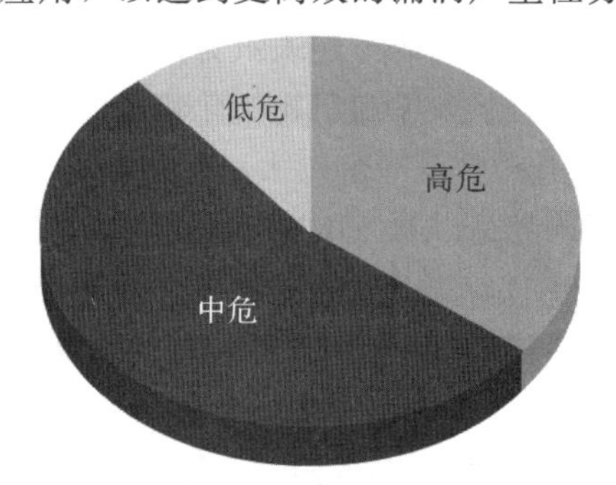

图 3－12　CNVD 官方网站的漏洞严重程度图

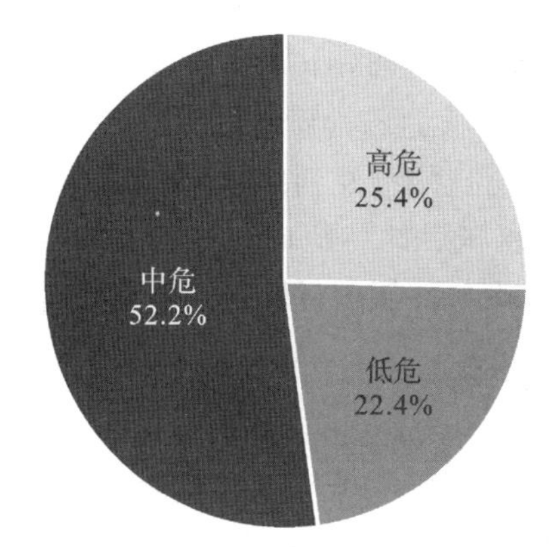

图 3－13　实验数据集的漏洞等级占比图

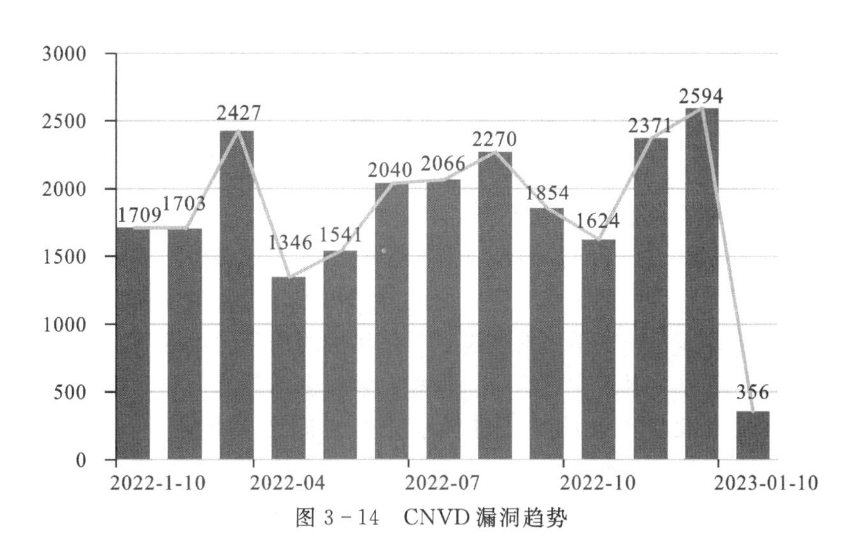

图 3－14　CNVD 漏洞趋势

3.3.3　实验流程设计

实验中的代码编写思路也是按照 EICNN 模型进行的，由于实验任务是针对漏洞特定文本，所以我们准备了大量 CNVD 的漏洞描述语料库，用于学习漏洞特定词的嵌入。事件信息本质上也是 CNVD 漏洞描述的一部分内容，所以可以使用同一个 Word2Vec 模型。模型的输出是一个单词字典。每个单词都与一个向量表示相关联。然后，通过查找单词嵌入字典并连接组成漏洞描述的单词嵌入，将漏洞描述表示为描述向量。经过训练的单词嵌入可能不能覆盖漏洞描述中的所有单词。这里采用随机初始化相应的单词向量。

在卷积和最大池化层，会有 S 个不同窗口大小的过滤器（h），这些过滤器是为了从输入句子中提取到不同长度的短语特征。在 EICNN 模型中，分别描述了 1－g、3－g 和 5－g 三种（$S=3$）窗口大小（$h=1，3，5$）的滤波器。对于每个筛选窗口大小，使用 N 个（例如 128）筛选器从相同的单词窗口中学习互补特征。由于每个单词都表示为 k 维向量，因此过滤器的宽度设置为 NLP 任务中单词向量的维数。然后对包含 h 个单词的窗口进行卷积运算，生成特征 c_i 。对漏洞描述中 h 个单词（必要时填充为零）的每个可能的窗口重复进行卷积运算，卷积后应用非线性激活函数 ReLu[90] 来生成特征图，再通过一个全连接网络降维到 64。

事件信息融入的全连接层网络是跟 TextCNN 网络同时开始训练的，把事件的结构化信息提取出论元，然后经过 Word2Vec 进行向量化，一共 8 个论元，每个论元转为 300 维度的向量，之后通过一个 2400 维的全连接神经网络进行特征提取，降维输出 64 维度的特征向量，然后把得到的特征向量和卷积后的特征向量进行 Concatenate 操作，此时向量维度是 128 维，然后使用全连接层和 softmax 层进行解码，最终输出三分类的结果。

3.3.4 基线模型实验的分析

1. 多任务学习架构和 BERT 模型

第 1 个对比实验的基线模型是 Ion Babalau 提出的一种深度学习方法，该论文已在第 1 章简单提及，这里将介绍作者如何进行实验的开展，以及与本实验的对比。

该作者使用多任务学习架构和预先训练的 BERT 模型来计算单词的向量空间表示。实现了严重评分的平均绝对误差为 0.86，严重级别的准确度为 71.55%。数据集采用的是 CVE 文本描述，来预测软件漏洞的 CVSSv3 严重评分。此外还进行了其他指标的预测，比如漏洞的攻击复杂性级别，可利用性和影响的分数。这些预测的漏洞指标被建模为一个回归或者多类文本分类的问题，然后在多任务的学习模型中链接在一起。

实验中所使用的 Multi－Task Learning 模型是指通过优化多个损失函数一次解决多个任务，其实现有两种方法。第一种是单个任务之间共享权重，每一个单任务都有一个单独的输出。另一种是每个任务都有一个单独的模型，但使用的约束不同，这种方法更加灵活。之所以要使用多任务，是因为可以减少过拟合，模型在学习多任务特征时，必须更新出适合所有任务的参数，以提高泛化性能。此外还进行了数据的扩充，使用了 EasyDataAugmenter，该模型随机地用同义词替换单词，从句子中删除单词，交换单词在句子中的位置，最后在随机位置插入一个随机单词的同义词，这样可以生成更多的训练样本。

实验的思路是先用一个多类别文本分类模型来预测严重性类别，然后用一个基于回归的模型来预测严重性评分，最后用一个多任务学习模型来预测所有 CVSSv3 指标。而前边两个步骤文本分类和严重性评分和本研究的严重性评估实验类似，可以根据此进行对比实验。

在实验中作者选择了 smallBERT，因为它的 Transformer 计算块更少，所以需要的计算资源更少，能够更快更容易地探索各种不同的配置。smallBERT 版本有 12 个变形块，隐藏大小为 128，有两个注意力头，在维基百科和 BooksCorpus 的数据集上进行了预训练。每个 BERT 模型都会提供一个预处理的模型权重，该模型在输入传递给 BERT 模型之前会处理必要的文本转换。同时，还增加了一个 dropout 层减少过拟合和一个全连接层，以及一个用于分类的解码输出层，该模型如图 3－15 所示。

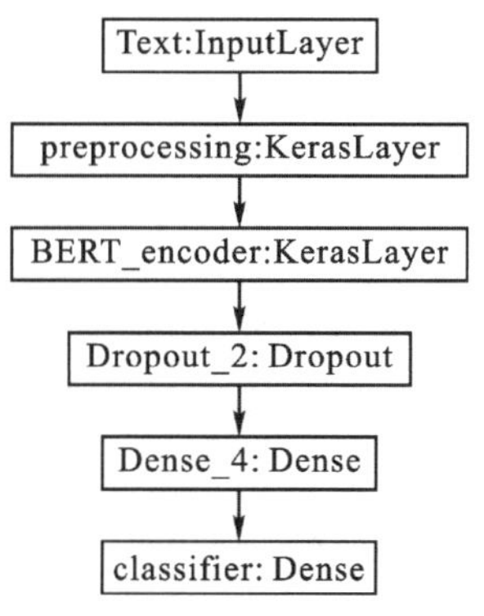

图 3－15　BERT 模型结构图

预测漏洞评分时，将模型的输出层进行更改，变为单个输出的神经元，同时将损失函数也改为适合回归任务的均方误差损失函数。对于 smallBERT，创建了一个硬参数共享的多任务学习模型，因为预测漏洞严重程度作为标签以及作为分数的本质都是用两种不同的方式来表达的相同任务，即该模型架构将会是一个有两个输出的架构，并且还会共享其余层。这两个任务可以相互帮助，减少过拟合。理论上它们应该会比独立任务有更好的结果。所以，在保留了 BERT 体系结构时，还增加了用于分类任务的输出层。但为了性能提升更多，对一个更大的 BERT 模型进行了升级，该模型使用了原始 BERT 作者发布的权重。所选的版本有 12 个 transformer 模块，以及输出向量为 768 维，有 12 个注意力头。在学习率为 3e－5，dropout 为 0.1，训练了 3 个 epoch，批次大小设置为 32 时，严重程度评分预测的效果最好。作者提出的多任务学习模型得到了最好的结果，严重程度评分任务的平均绝对误差为 0.857，严重程度分类任务的准确性为 71.55%，如表 3－6 所示为在分类和回归任务上的结果。

表 3－6　分类和回归任务的结果

Method	Accuracy /%	MAE
TF－IDF＋MNB	59.26	1.36
BiLSTM ＋ Word2Vec	68.11	0.96
smallBERT	66.32	0.92
CNN ＋ Word2Vec	56.34	2.29
Multi－Task Learning	71.55	0.86

从表 3－7 的混淆矩阵可以看出，在分类任务中的大多数错误都是在对 MEDIUM 和 HIGH 漏洞进行预测时产生的，这可能的原因是它们的描述相似。

表 3-7　用于严重级别分类的混淆矩阵

	LOW	MEDIUM	HIGH	CRITICAL
LOW	20	63	13	0
MEDIUM	2	1201	401	24
HIGH	1	209	1467	91
CRITICAL	0	18	316	186

通过分析，该论文作者的工作和本研究有很大的相似之处，都是预测漏洞严重性等级，只是该作者预测了其他指标。但由于 CNVD 没有像 CVSS 评分系统一样能提供更多的漏洞指标进行预测，所以这里仅使用漏洞严重等级单指标，然后使用 BERT 模型并且使用与该论文作者一样的其他网络层来设计对比实验。

2. 浅层卷积神经网络（CNN）和支持向量机（SVM）模型

这是 Zhuobing Han 等[91] 提出来的基于 textCNN 和 SVM 模型的漏洞严重性等级预测方法，仅仅使用 CVE 提供的漏洞描述信息进行实验。我们把该实验解决的问题表述为一个多类的文本分类问题，即在给定一个漏洞描述的情况下，将文本的威胁情况作为 CVSS 框架的一个严重级别，如关键、高、中、低四个级别，并设计了一层浅层的 CNN 网络架构来解决这个多类文本分类问题。实验的主要构建模块是基于词嵌入和 CNN 模型，把句子中单个词的含义映射到当前句子的连续向量上时，该模块结构能够学习并提取最具有漏洞描述的 n-grams 方法。该方法的最大优点是：模型是以端到端的方式进行训练的，从而可以满足构造特征工程的需要，大大减少了应用到其他漏洞评分系统的成本。

实验数据方面，使用的是 CVE Details 网站抓取的约 83 000 个漏洞。并且设计了四种基线方法进行比较，一个是使用基于 TF/IDF 的特征，仅使用其词嵌入的特征，还有就是使用两层的 CNN 或者使用长短期记忆（LSTM）加 CNN 组合的网络提取的特征。实验表明，CNN 可以有效地训练 CVE 的漏洞报告，并且对通用文本语料库学习得来的输入词嵌入有不错的鲁棒性。同时也能够准确地预测漏洞的严重性等级，预测误差仅仅为 3.8%以上。在数据量为最少 1000 个漏洞的情况下训练，作者提出的方法显著优于其他分类方法。即便与更复杂的深度学习架构相比，这种浅层的 CNN 在短文本漏洞描述上的表现都显得更好。最后，该方法通过训练旧的漏洞，学习后还可以预测新发现的漏洞的严重程度，泛化性能表现很好。

如图 3-16 所示是该方法的主要步骤，第一步是抓取 CVE Details 网站上发布的所有漏洞以及该漏洞信息所提供的漏洞描述和 CVSS 评分。将专家评定的 CVSS 分数通过划分，可以映射到相应的严重级别，其中严重程度关键是 9.0～10.0 分，高是 7.0～8.9 分，中是 4.0～6.9 分，低是 0.1～3.9 分。使用 Word2Vec 进行漏洞向量特征表示，然后设计一层浅层 CNN 来捕捉漏洞的句子级特征，该 CNN 结构如图 3-17 所示。对于给定的漏洞描述，先在词嵌入字典中查找描述对应单词的词向量，然后将其连接成一个句子，即一个漏洞的描述向量，接着输入到 CNN 就可以预测漏洞的安全等级。为了训练 CNN 模型，需要输入大量爬行的漏洞描述，并由相应的专家对 CNN 评定 CVSS 的严重等级，训练通过支持向量机分类器预测的结果的 hinge loss 损失函数来对专家评定的严重程度进行指导。

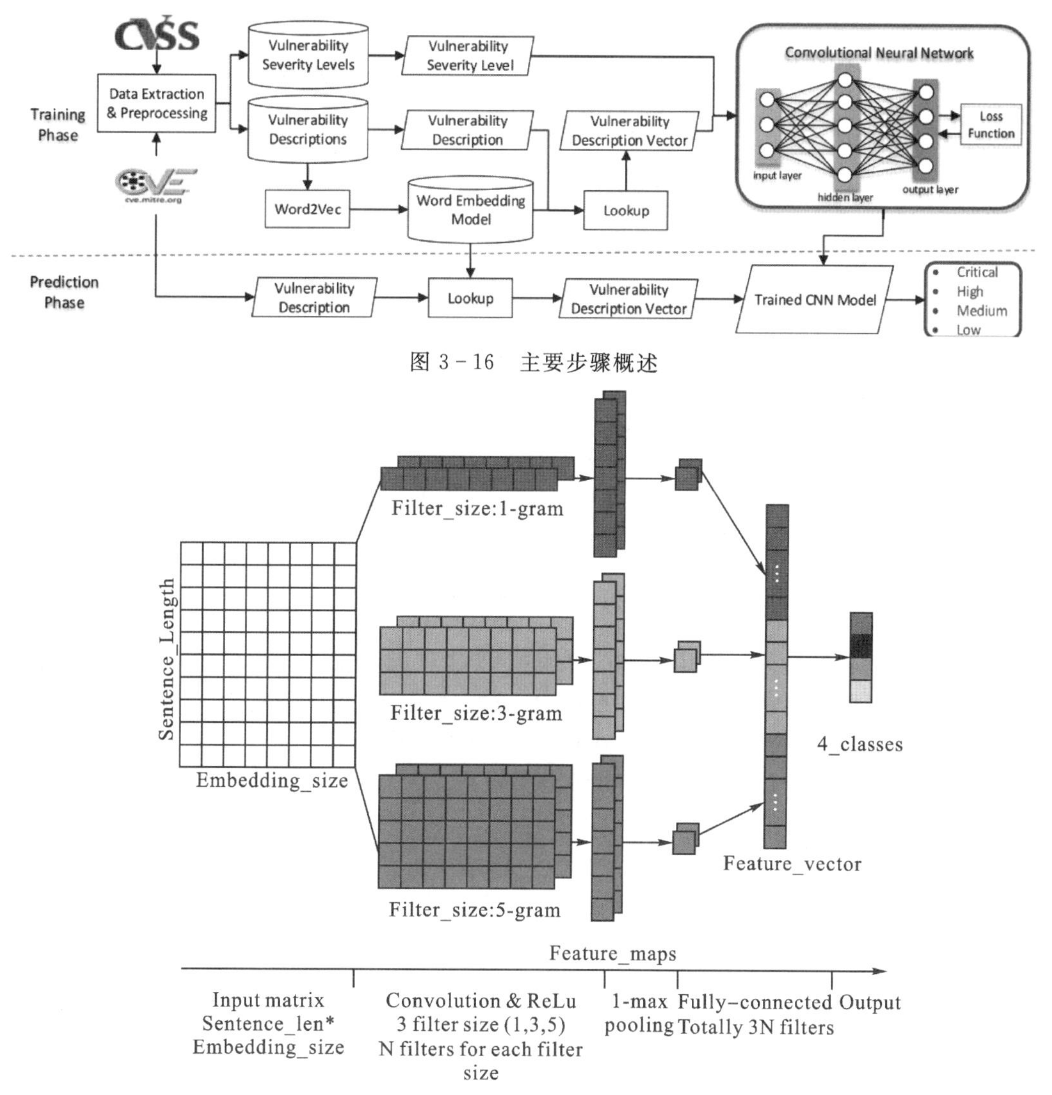

图 3 - 16　主要步骤概述

图 3 - 17　浅层 CNN 结构

本书提出的 CNN 模型包含一个输入（嵌入）层，一个卷积和最大池化层，一个完全连接层和一个输出 SVM 层。使用漏洞描述的四个严重级别作为标签进行训练，对于输入的漏洞描述的特征向量，在将其传递给 SVM 分类器之前，我们在训练期间添加了一个 dropout 层，可以随机禁用一部分神经元来进行正则化。其基本原理是避免神经元之间的相互适应，让它们学习单独有用的特征。并把 dropout 设置为 0.5，在预测期间设置为 1.0 对其禁用。最后输出 SVM 层接收全连接特征向量作为输入，并输出四个严重级别上的概率分布。

超参数方面，epoch 设置为 150，batchsize 为 32，CNN 的过滤器窗口大小设置为 128，Word2Vec 生成的是 300 维的向量，实验结果 Precision 为 0.818±0.067，Recall 为 0.815±0.041，F1 - Measure 是 0.816±0.052，均比上边提到的四个基线方法好。此外，还进行了训练的数据量和 F1 - Measure 的关系，如图 3 - 18 所示，很明显，数据量越大越好。

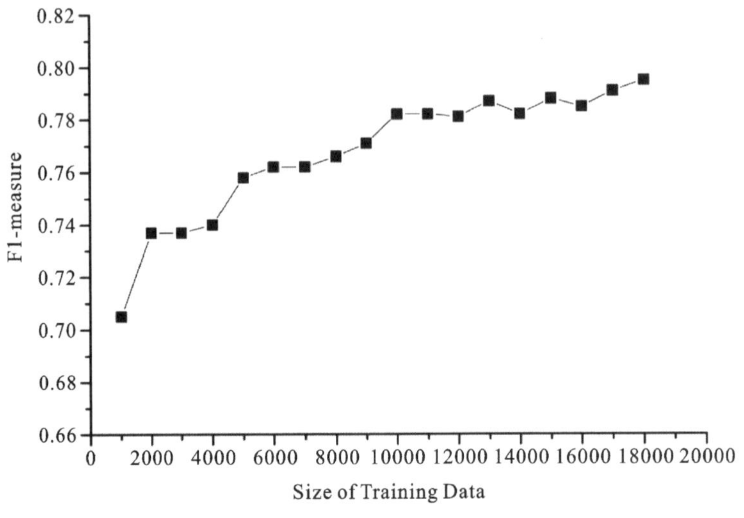

图 3-18　不同训练数据大小对 F1-Measure 的影响

3.4　试验验证

本节对事件抽取模型进行应用，当前，根据 CNVD 漏洞报告提供的信息可以把事件信息应用在软件漏洞严重性评估上，使用 EICNN 方法进行严重性等级分类任务，以验证事件抽取任务对分类效果的提升。同样地，在对 CNVD 进行应用后，本节实验也会对 CNNVD 的数据进行漏洞严重性评估，以进一步验证分类效果。

3.4.1　实验详细参数设置

基于 GlobalPointer 的事件抽取实验超参数设置是经过多次实验选取的，由于文档级事件抽取字数比较多，需要考虑输入 bert 的最大长度 maxlen，太短会丢失很多信息，太长则会导致显存占用过高影响训练，如图 3-19 所示长度 300 以上占比只有 0.7%，设置为 300 比较合理，能保证大于绝大部分的漏洞报告描述内容的长度，训练中 batch 的大小设置为 16，能保证训练占用显存不超过显卡显存，训练的迭代次数 epoch 设置为 150，学习率设置为 2e-5，环境配置采用本章实验设计的服务器和深度学习环境，BERT 的配置信息为 RoBERTa 模型，可以取得比较好的结果。

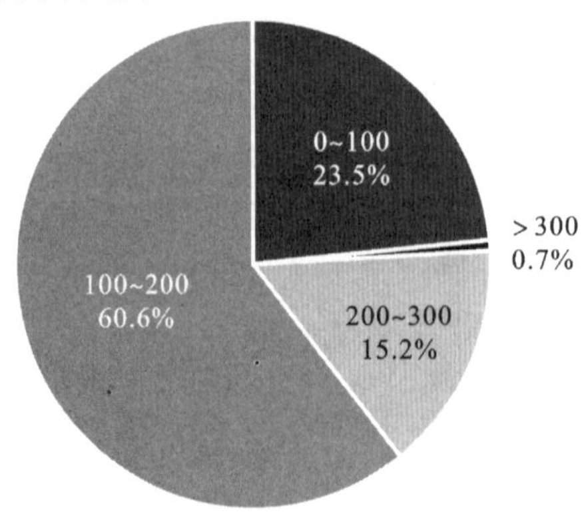

图 3-19　漏洞报告描述内容长度分布

CRF 事件抽取实验采用的服务器以及深度学习配置环境与 GlobalPointer 相同，实验参数迭代次数为 150，批次大小设置也为 16，每个样本的句子最大长度设置为 300，学习率为 2e－5，也使用 RoBERTa 模型。

EICNN 实验设置的迭代次数 epoch 设置为 150，可以保证模型收敛，如图 3－20 所示，loss 基本趋于平稳。batchsize 是用于迭代中每个步骤训练的漏洞描述的数量。为了找到合适的批大小，采用三个批大小值进行实验，即 32、64 和 128。根据表 3－8 中“batch size”一行的实验结果，将 batch size 设置为 32，在验证数据集上获得了最好的性能。CNN 的输出特征向量的维数是每个过滤器窗口大小的过滤器数量 N，根据表 3－8，将 CNN 的输出特征向量的维数设置为 128 最合适。也就是说，在卷积层中为每个过滤器窗口大小使用 128 个过滤器。需要注意的是，这里进行的超参数实验，每测试一个超参数时，其余的都保持在最佳性能值。

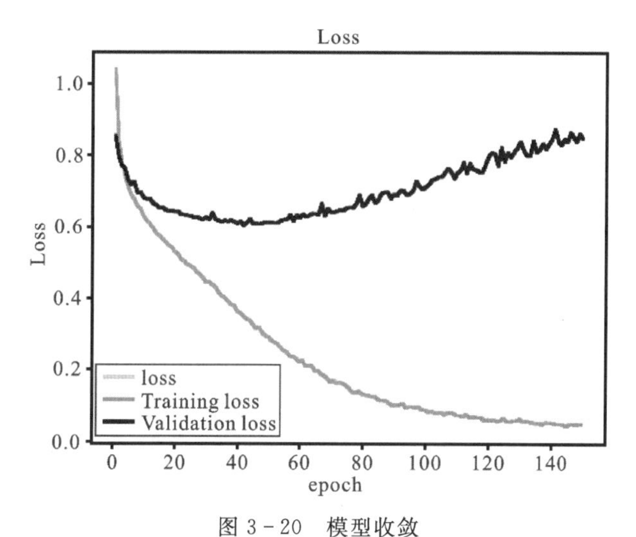

图 3－20　模型收敛

表 3－8　超参数选择

超参数	Value	F1	Precision	Recall
batch _ size	32	0.730594	0.735384	0.732035
	64	0.717702	0.726960	0.723053
	128	0.716173	0.720937	0.718562
num _ filters	32	0.701276	0.705361	0.705089
	64	0.705094	0.705094	0.700598
	128	0.730594	0.735384	0.732035

3.4.2　实验过程及结果分析

实验验证一共有 3 个实验，先分析事件抽取的两个实验，然后分析得到最合适的模型，接着使用该模型生成事件信息作为漏洞严重性评估的数据集。这样就可以开始进行 EICNN 方法的实验了，实验完后与基线模型进行对比。

1. 事件抽取实验

基于 GlobalPointer 的实验首先在百度数据集上进行事件抽取的训练，基于迁移学习的思想，把模型权重加载后，模型能够达到更优的评价指标，模型权重文件加载前后的评价指标如表 3-9 所示，加载权重进行训练，在 Precision 损失 0.94%的情况下，F1 值能有 2.4%的提升，而 Recall 则有 5.1%的提升，总的效果还是不错的，后续实验也使用加载权重的方法。

表 3-9　加载预训练权重

评价指标	F1	Precision	Recall
不加载权重	0.84203	0.90525	0.78707
加载权重	0.86649	0.89581	0.83904

基于 RoBERTa 和 BILSTM 的 GlobalPointer 模型进行中文软件漏洞报告的事件抽取任务，实验数据来自 CNVD 官方网站，同时使用基于 RoBERTa 的 CRF 经过训练后，可以得到验证集的指标，如表 3-10 所示。可以看出，只看指标的话，该方法的性能比较强，因为简化了触发词的抽取，只关注论元实体的抽取，只需把三元组匹配上就可以算预测正确. 事件抽取处理的复杂度比基于 BERT 的 GlobalPointer 简化了许多，基于 GlobalPointer 性能低的原因，对其进行了改进，加入了 FGM 对抗训练以提升性能，如表中第二行，可见性能均能有稍微提升。

表 3-10　GlobalPointer 和 CRF 的验证集性能比较

模型	F1	Precision	Recall
GlobalPointer	0.86649	0.89581	0.83904
GlobalPointer 改进	0.87680	0.90773	0.84791
CRF	0.91956	0.92551	0.91369

经过实验，发现 CRF 简化为普通的实体抽取方法，能够在 F1、Precision、Recall 上均取得比 GlobalPointer 更好的性能提升，但也存在明显的缺点，在中文漏洞报告的抽取上会存在一定的问题，因为事件抽取的输出结果只是离散的三元组，还需要额外整理构成完整的事件信息，而整理可能又需要定义一些规则去把三元组转为事件，同时也不能输出完整的多事件信息，而 GlobalPointer 虽然在性能上会表现差一些，但输出的事件信息更完备。

在预测的过程中，发现 CRF 模型会出现一些错误，如表 3-11 所示。在对这个缺陷报告："xiycms 是基于 thinkphp6 研发的企业内容管理系统。xiycms 前台存在 SQL 注入漏洞。攻击者可利用漏洞获取数据库敏感信息。"进行预测时，CRF 会输出无效的实体，如表中的"基于"这个实体，这个实体无法反映任何漏洞相关的信息，只是一个介词，而 GlobalPointer 则能很好地进行预测，换言之，CRF 模型会输出不符合要求的结果，如果将其生成的数据应用在漏洞严重性评估中，会引起干扰。

表 3-11　预测结果对比

<table>
<tr><th>预测模型</th><th colspan="3">预测结果</th></tr>
<tr><td>GlobalPointer</td><td colspan="3">事件类型：SQL 注入
产品：xiycms
版本：xiycms 前台
定义：基于 thinkphp6 研发的企业内容管理系统
漏洞：SQL 注入漏洞结果：获取数据库敏感信息</td></tr>
<tr><td rowspan="7">CRF</td><td>事件类型</td><td>事件元素</td><td>事件论元</td></tr>
<tr><td>SQL 注入</td><td>产品</td><td>xiycms</td></tr>
<tr><td>SQL 注入</td><td>定义</td><td>基于</td></tr>
<tr><td>SQL 注入</td><td>定义</td><td>thinkphp6 研发的企业内容管理系统</td></tr>
<tr><td>SQL 注入</td><td>版本</td><td>xiycms 前台</td></tr>
<tr><td>SQL 注入</td><td>漏洞</td><td>SQL 注入漏洞</td></tr>
<tr><td>SQL 注入</td><td>结果</td><td>获取数据库敏感信息</td></tr>
</table>

2. 漏洞报告严重性评估实验

对比实验采用 TextCNN＋SVM 模型，使用没有加入事件信息的 TextCNN＋SVM 模型，实验结果的数据如表 3-12 所示。EICNN 模型表示的是加入事件信息作为 FC 全连接层的输入，与基线模型 TextCNN 进行对比，可以看出准确率性能提升了 3.1％，F1 性能提升了 3.6％，精度 Precision 提升了 3.2％，召回率 Recall 提升了，如图 3-21 至图 3-23 所示。

表 3-12　EICNN 与基线模型性能对比

模型	Acc	F1	Precision	Recall
TextCNN＋SVM	0.705089	0.704696	0.704929	0.705089
EICNN	0.736526	0.730594	0.735384	0.732035
BERT	0.636879	0.638428	0.642576	0.636879

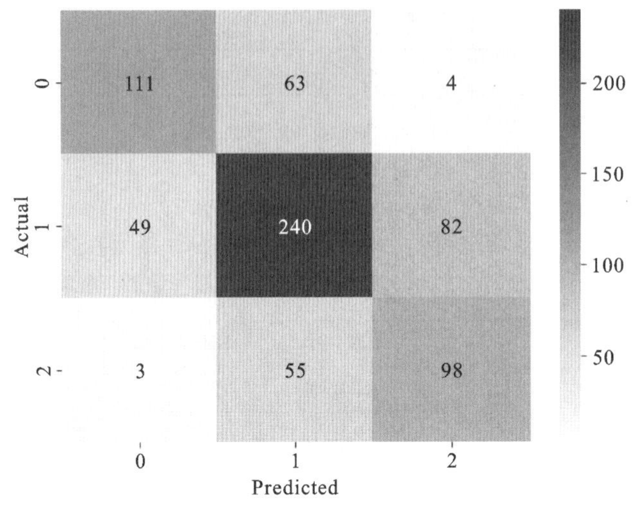

图 3-21　BERT 的混淆矩阵

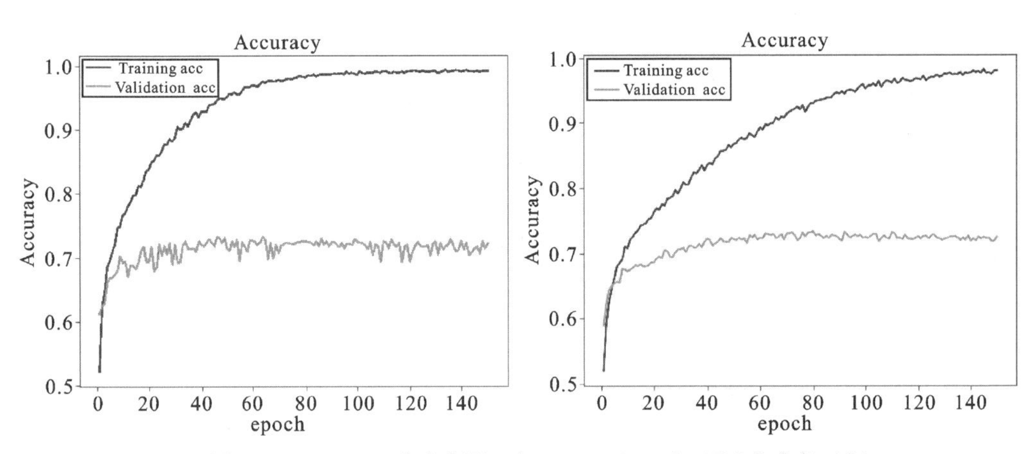

图 3-22　EICNN 准确率图（左），TextCNN+SVM 准确率（右）

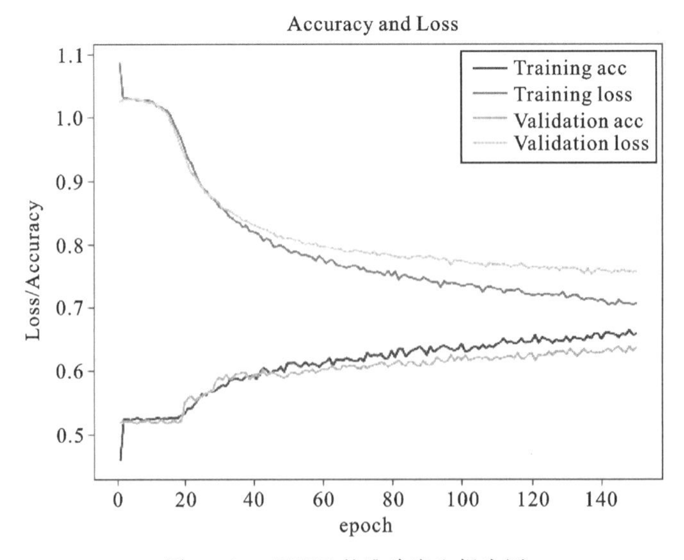

图 3-23　BERT 的准确度和损失图

接着在第2个对比实验上采取BERT模型，很明显看到该方法在CNVD漏洞报告上表现比较差，和EICNN相比，Acc低了将近10%，F1低了9.2%，Precision低了9.3%，Recall低了9.5%。当然，这并不能断定EICNN在其他方面一定优于其他基线方法，CNVD漏洞的数据也和基线方法的论文作者使用的数据不同，此外。通过图3-24和图3-25的混淆矩阵可以看出，在主对角线上是预测正确的类别数量，EICNN在0（高危）和1（中危）漏洞上表现较好，而基线模型TextCNN+SVM在2（低危）漏洞上表现稍好一点。

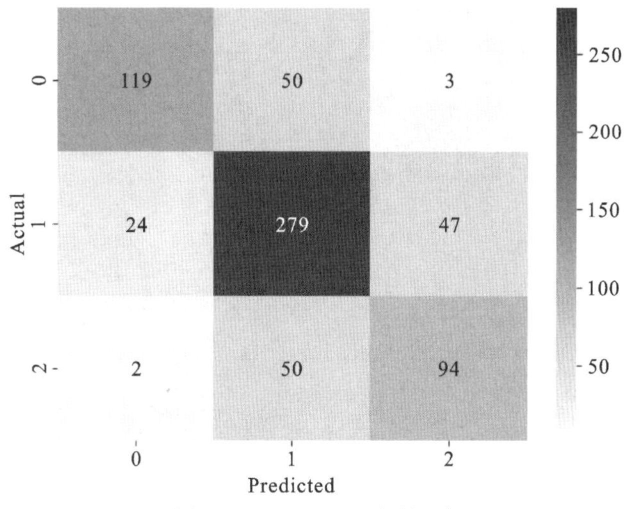

图3-24 EICNN混淆矩阵

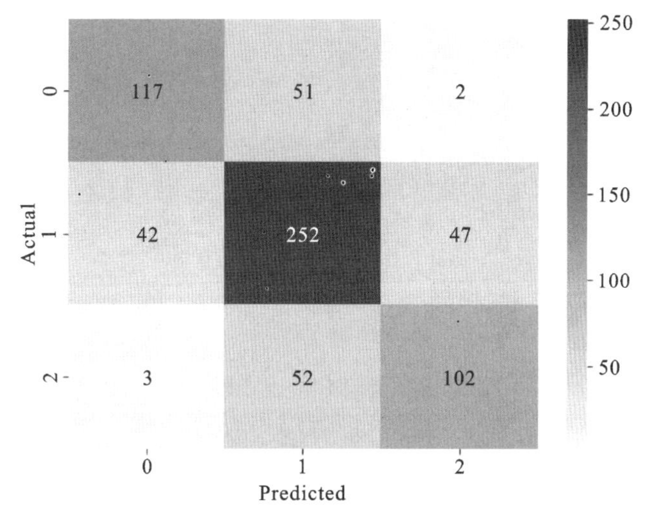

图3-25 TextCNN+SVM的混淆矩阵

第4章

面向软件漏洞家族特征的知识抽取方法研究

4.1　N 元候选关键词抽取方法实现

本章介绍基于 N - gram 语言模型的漏洞特征候选关键词抽取方法的实现。首先对 CWE 和 CVE 漏洞数据进行文本处理，得到标准漏洞文本数据。然后采用预训练模型 BERT 对文本进行表示学习，生成漏洞文本特征向量和 N 元词组语义向量。最后，通过计算两者的相似度，抽取漏洞知识候选关键词。

4.1.1　候选关键词抽取模型

1. N 元候选关键词抽取方法框架

候选关键词抽取是从漏洞文本数据中抽取表示漏洞特征的一系列词或者词组，考虑到单个词元有时不足以完整表达漏洞特征信息，需要多个词元组合成为词组才能完整表达漏洞特征，因此需要从漏洞文本中抽取 N 元候选关键词，其中 N 表示词组中词元的数量，候选关键词抽取是下一步漏洞知识抽取工作的基础；本研究提出基于 N 元语言模型（N - gram）的候选关键词抽取方法，该方法的总体框架如图 4 - 1 所示。

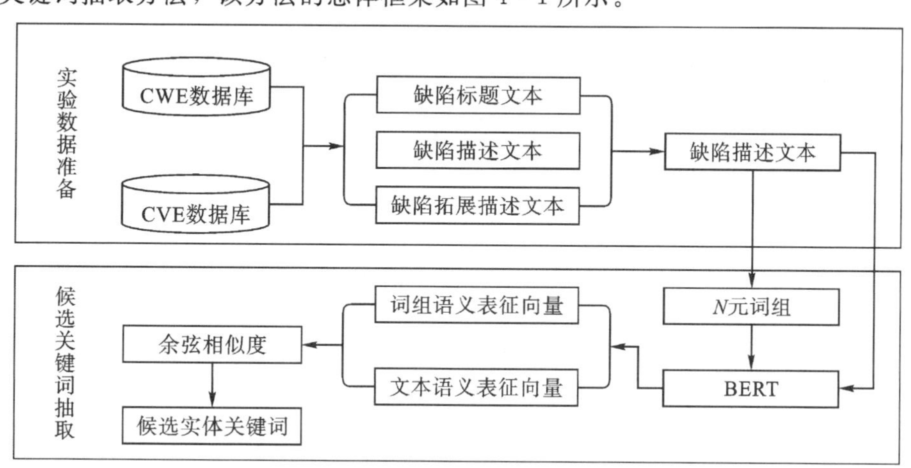

图 4 - 1　候选关键词抽取过程框架图

我们将收集整理好的漏洞文本数据放入该模型中，使用预训练 BERT 模型生成词嵌入向量和文本嵌入向量来表示词和文本的语义特征信息，通过相似度比较 N 元抽取候选关键词。

2. 候选关键词抽取过程

软件漏洞特征候选关键词抽取主要包含以下步骤：

(1) 从 CWE 和 CVE 漏洞数据库中爬取软件漏洞数据文本，该文本包含许多字段信息，本研究主要采用缺陷标题字段文本、缺陷描述字段文本、缺陷拓展描述文本组成漏洞特征知识抽取数据集。

(2) 基于 N 元语言模型，从漏洞文本中抽取 N 元候选关键词，该候选关键词可以粗粒度地表达漏洞特征信息，N（N =1，2，3，…）的取值主要通过分析漏洞特征和实验对比确定。

(3) 通过预训练语言模型 BERT 分别生成各 N 元候选关键词语义特征向量和漏洞文本特征向量，BERT 模型是文本特征编码常用的深度学习模型，该模型在很多文本处理任务中都具有良好表现。

(4) 分别计算各候选关键词语义向量与对应的文本特征向量的余弦相似度，然后基于该相似度值由高到低排序，确定最能代表漏洞特征的前 K 个 N 元词组为候选关键词。

4.1.2 漏洞数据处理

本研究使用的数据文本集主要包括从 CVE 和 CWE 漏洞数据库爬取的相关数据作为获取漏洞信息的文本。作为文本信息提取的第一个步骤，文本预处理的结果对漏洞知识抽取的结果有很大影响，所以对文本的预处理也是十分重要的。知识抽取通常选用词来作为文本的特征提取对象。但是一般的文本当中往往会存在大量没有用的符号或者无意义的词汇，这些没有用的特征对特征提取的效率和准确性都有很大影响。因此，进行文本预处理的目的就是减少这些干扰项，减少或去除这些没有用的信息。漏洞知识抽取文本的预处理一般分为分词、去停用词、词性标注、词形还原等工作。本研究使用 CVE 文本的描述字段内容、CWE 的标题、描述以及拓展描述字段文本进行漏洞知识抽取。

1. 分词

文本分词是文本预处理中一个重要的过程，也是文本信息提取的基础，因为人们通常以文本单词为基础对文本进行信息抽取。分词在自然语言处理过程中是重要的一步，分词就是将长文本，如句子、段落、篇章等分解为以字词为单位的文本表达形式，以方便后续的分析处理工作。与简单地利用空格将句子分割成单词不同，文本分词实际上是将文本分割为单词、数字和标点符号，这些符号可能并不总是用空格分隔，例如，“I am reading a book.”这句话，分词的任务是从这个句子中提取单词和标记。将该句子传递给标记化程序后，提取的单词标记是 I、am 、reading 、a、book 和 .，这个例子每次提取一个词元。

分词可以将复杂文本问题转换为数学问题，机器学习之所以看上去可以解决很多复杂的问题，是因为它把这些问题都转化为了数学问题，而 NLP 也是相同的思路，漏洞文本都是一些“非结构化数据”，我们需要先将这些数据转化为“结构化数据”，结构化数据就可以转化为数学问题了，而分词就是转化的第一步。词也是处理文本的一个比较合适的粒度，词是表达完整含义的最小单位。字的粒度太小，无法表达完整含义，比如鼠可以是老鼠，也可以是鼠标。而句子的粒度太大，承载的信息量大，很难复用。比如传统方法要分词，一个重要原因是传统方法对远距离依赖的建模能力较弱。

目前用的分词方法有基于语义分析的分词、基于字典匹配以及基于概率统计模型的分词算法等。其中基于字典匹配的分词算法是最容易被人们理解的算法，但是在分词时会出现有歧义的情况。针对这种分词时产生歧义的问题，利用基于概率统计模型的分词算法可以进行解决，因为它首先统计词组，并对那些出现频率较高的词组标记为重要，这样就在一定程度上就有效地避免了歧义的情况。基于语义分析的分词算法主要是通过上下文的语义信息来避免出现分词时产生歧义的情况，但是这种算法太复杂了，技术还不是很成熟，运用起来也不太方便。

目前也有很多技术比较成熟的分词器，比如基于 Lucene 的分词器、Jieba 分词器、NLTK 分词器等。这些分词器都能取得较好的分词结果，但是不同的分词器对于同一个文本集的分词结果不尽相同，哪个分词器对于目标文本集的分词效果更好也是大家选择分词工具的难点问题。本研究使用英文文本处理领域常用的 NLTK 作为分词工具，NLTK 提供了 word _ tokenize () 方法将给定的文本标记为单词。它实际上是根据标点符号和单词之间的空格，将文本分割成不同的单词。word _ tokeize () 方法是一种通用且更稳健的标记化方法，适用于任何类型的文本语料库。word _ tokesize () 方法是 NLTK 预先构建的，也是 NLTK 工具分词的默认方法。

2. 去停用词

在文本处理中，我们通常把停用词（Stop Words）、出现频率很低的词汇过滤掉，这个过程其实类似于特征筛选的过程。当然停用词过滤，是文本分析中一个预处理方法，它的功能是过滤分词结果中的噪声，在英文文本中，我们经常会遇到如“the”“an”“their”等词，这些都可以作为停用词来处理，但是也要考虑应用场景。如果一种出现频率特别低的词汇且其对分析作用不大，一般也会去掉，把停用词、出现频率低的词过滤之后，即可得到一个我们的词典库，停用词通常都是人工输入、非自动化生成的，生成后的停用词会形成一个停用词表。通常意义上，停用词大致分为两类：第一类是人类语言中包含的功能词，这些功能词极其普遍，与其他词相比，功能词没有什么实际含义，比如 the、is、at、which、on 等。但是对于文本信息提取来说，当所要提取的短语包含功能词，特别是像 The Who、Take That 等复合名词时，停用词的使用就会导致问题；第二类词汇词：比如 want 等，这些词应用十分广泛，但是对这样的词在进行文本信息提取时无法保证能够给出真正相关的信息结果，难以帮助我们准确提取信息，同时还会降低文本处理的效率，所以通常会把这些词从问题中移去，从而提高信息提取性能。停止字删除是不同 NLP 应用程序中最常用的预处理步骤之一。英文文本中冠词和代词通常被归类为停止词，这些词在一些 NLP 任务中没有意义，如信息检索和分类，这也意味着这些词没有很强的辨别力。虽然大多数语言的停止词列表都可以在线获得，但这些也是自动生成给定语料库停止词列表的方法。一种非常简单的方法是基于单词的文档频率（单词呈现的文档数量）来构建停止单词列表，其中整个语料库中出现的单词可以被视为停止单词。NLTK 工具包已经进行了足够的研究，以获得特定语料库的最佳停止词列表，并附带了一个预先构建的 22 种语言的停止词列表，在本研究中使用了 NLTK 的英文停用词列表进行漏洞文本中的停用词删除。

3. 词性标注

在自然语言分析中，机器需要模拟、理解语言。为了实现这一点，自然语言处理过程中必须一定程度上了解自然语言的规则。首先需要理解的是词，特别是每一个词的性质，判断它是名词还是形容词，如果它是动词的屈折形式，那么它的不定形式是什么，以及该屈折形式使用了什么对应的时态、人称和数，这个任务被称为词性标注（POS）。词性标注是指在句子中对单词进行词性标注的过程，也即确定每个词是名词、动词、形容词或其他词性的过程。我们提取构成句子的标记词性，过滤出感兴趣的词性并进行分析。词性标注的目的是用一个单独的标签标记每一个词，该标签表示了用法和其句法作用，比如名词、动词、形容词等。词性标注的正确与否将会直接影响后续的句法分析、语义分析，它是中文信息处理的基础性课题之一。像英语这样的语言在许多领域中有许多标记语料库，也产生了许多先进的算法，其中一些标签是通用的，可以在不同的领域和文本中使用。

词性标注常见的方法有以下几种。

(1) 基于规则的词性标注方法，其是人们提出较早的一种词性标注方法，基本思想是按兼类词搭配关系和上下文语境建造词类消歧规则。早期的词类标注规则一般由人工构建。随着标注语料库规模的增大，可利用的资源也变得越来越多，这时候以人工提取规则的方法显然变得不现实，于是，人们提出了基于机器学习的规则自动提取方法。

(2) 基于统计模型的词性标注方法，该方法将词性标注看作是一个序列标注问题。其基本思想是给定带有各自标注的词的序列，我们可以确定下一个最可能的词性。现在已经有隐马尔可夫模型（HMM）或条件随机域（CRF）等统计模型了，这些模型可以使用有标记数据的大型语料库进行训练，而有标记的数据则是指其中每一个词都分配了正确的词性标注的文本。

(3) 基于统计方法与规则方法相结合的词性标注方法，理性主义方法与经验主义相结合的处理策略一直是自然语言处理领域的专家们不断研究和探索的方向，对于词性标注问题当然也不例外。这类方法的主要特点是对统计标注结果的筛选，只对那些被认为可疑的标注结果，才采用规则方法进行歧义消解，而不是对所有情况都既使用统计方法又使用规则方法。

(4) 基于深度学习的词性标注方法，可以当作序列标注的任务来做，目前深度学习解决序列标注任务常用方法包括 LSTM＋CRF、BiLSTM＋CRF 等。

4. 词形还原

词干提取和词形还原是英文语料预处理中的重要环节，虽然它们在文本处理过程中常常关联一起使用。词干提取的过程会导致不正确的结果，例如单词 battling 被转换为 battl，这不是一个单词，为了解决词干提取的这类问题，我们需要使用词形还原（Lemmatization）。词形还原是将单词转换为基本语法形式的过程，如 battling 到 battle，而不是简单地缩减单词，在这个过程中，通过额外地查阅字典，来提取单词的基本形式。同时，为了获得更准确的结果，就需要一些额外的信息：例如单词的词性标注标签，就有助于获得更好的结果。词形还原是基于词典的，每种语言都需要经过语义分析、词性标注来建立完整的词库，目前英文词库是很完善的。Python 中的 NLTK 库包含英语单词的词汇数据库，这些单词基于它们的语义关系链接在一起，链接取决于单词的含义。词形还原是基于词典，将单词的复杂形态转变成最基础的形态，词形还原不是简单地将前后缀去掉，而是会根据词典将单词进行转换。

4.1.3 漏洞文本表示学习

文本的表示是文本处理领域重要的工作，如何更好地表示文本语义是自然语言处理领域实际应用的重要基石。通过训练得到的词嵌入向量表示，可以认为即为代表单词本身及其含义。单词在不同语境下的含义不一样，不同的语境下涉及一词多义问题，如何准确表示词嵌入向量以适应不同的语境也是目前研究的重点；将文本数据转换为计算机可以识别的表示是自然语言处理中非常重要的一个环节。词嵌入技术的表示方法是目前流行且有效的方法，如何找到通用的词嵌入表示方法成为近年来学者研究的热点问题。文本的词嵌入表示也很大程度上决定了具体应用任务的性能。目前词嵌入的技术包括词表示法，如独热表示（one－hot representation)、TF－IDF 等，以及词的分布式表示法（distributed representations ），如 ELMO、Bert 等。

独热表示存在着相应的问题，一个问题是独热表示的向量为稀疏表示，词汇表的大小决定了向量的维度大小，而当词汇表里单词很多时，向量的维度也就会很大，则会存在维数灾难问题。且其表示能力弱，N 维度大小的向量仅能表示 N 个单词；另一个问题是，不同单词使用独热表示得到的向量之间是相互独立的，这就造成了“语义鸿沟”的现象，即独热码表示也不能表示一个单词与另一个单词的语义相似度。TF－IDF 是一种用来计算每个单词重要性的关键词抽取的方法。通过计算词频和逆文本频率，TF－IDF 在考虑效率的同时虽然得到了比较满意的效果，但 TF－IDF 没有关注单词与单词之间的联系，与独热码表示相同，TF－IDF 依然存在向量维度较高、不能准确表示文本语义的缺点。

文本分布式表示法较好地解决了以上问题，与简单的词嵌入表示如 TF－IDF 相比，词的分布式表示是一种维度大小相对较低的稠密向量表示，且每一个维度都是实数。分布式表示将所有信息分布式地表示在稠密向量的各个维度上，其表示能力更强，且具备了不同程度上语义表示的能力。

1. 词嵌入表示

单词通常被认为是人类语言中最小的有意义的言语或书写单位，语言中的高级结构，如短语和句子，都是由单词组成。要理解一种语言，理解单词的含义至关重要，因此准确地表示单词至关重要，这可以帮助模型更好地理解、分类或生成 NLP 任务中的文本。一个单词可以自然地表示为几个字符的序列，然而，仅使用原始字符序列来表示单词是非常低效的。首先，单词长度的变化使得机器学习方法难以处理和使用。

经过预训练的词嵌入一直主导着语义表示领域，它们是大多数神经网络自然语言处理系统的关键步骤。通常，NLP 系统为目标语言词汇表中的所有单词提供了大量预训练的单词嵌入。在输入层，系统查找给定单词的嵌入，并将相应的嵌入反馈到后续层。从硬编码的单热表示转移到连续的词嵌入空间通常会提高系统的泛化能力，从而提高性能，图 4－2 描述了此类系统的总体架构。

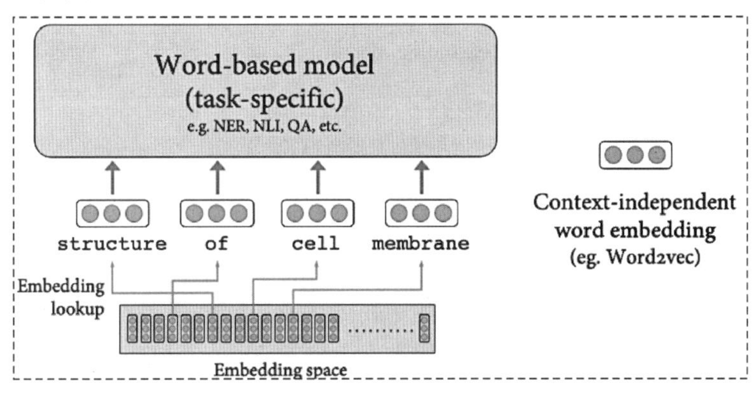

图 4－2　词嵌入架构图

静态语义表示有两个重要的局限性：(1) 忽略上下文在触发词的特定含义方面的作用无疑是对问题的过度简化，这不是人类解释文本中单词含义的方式；(2) 由于限制了单个词的语义障碍，该模型很难捕捉更高阶的语义现象，如合成性和长期依赖性。因此，基于单词的静态表示会严重阻碍 NLP（自然语言处理）系统理解输入文本语义的能力。在这种情况下，从一系列单词中获得意义的所有负担都在主系统的肩上，主系统必须处理歧义、句法细微差别、一致性、否定性等。然而，有多种因素限制了意义嵌入的有效性，首先，词义消歧远不是最佳的，因此，将单词映射到单词意义的初始阶段将不可避免地产生噪声；第二，从大规模可用的原始文本中获益，直接改善这些表现形式并不简单，因此它们的覆盖范围和语义深度仅限于词汇资源中编码的知识，这可能过于限制；第三，这些表述仍然没有完全语境化，假设给定上下文中单词的预期含义与目标清单中定义的含义完全一致，这可能并不总是正确。

与静态单词嵌入不同，基于上下文的嵌入是上下文中单词的表示，它们可以规避与单词和意义嵌入相关的许多限制，带来多种优势，其中最重要的一点是无缝集成到大多数神经语言处理模型中。与基于知识的意义表示不同，这些嵌入不依赖注释数据或外部词汇资源，并且可以以无监督的方式学习。更重要的是，它们对神经模型的介绍不需要额外的努力，如词义消歧，因为它们在单词层面发挥作用。语境化嵌入不仅可以捕捉单词的各种语义角色，还可以捕捉其句法属性，与固定的静态单词嵌入不同，基于上下文的单词嵌入是动态的，因为如果相同的单词出现在不同的上下文中，则可以为其分配不同的嵌入。因此，与静态单词嵌入不同，上下文嵌入被分配给令牌，而不是类型，上下文模型接收整个文本跨度（目标单词及其上下文），并为根据上下文调整的单个单词提供专门的嵌入，而不是接收作为不同单元的单词并为每个单词提供独立的单词嵌入。图 4－3 所示为本文标示模型图。

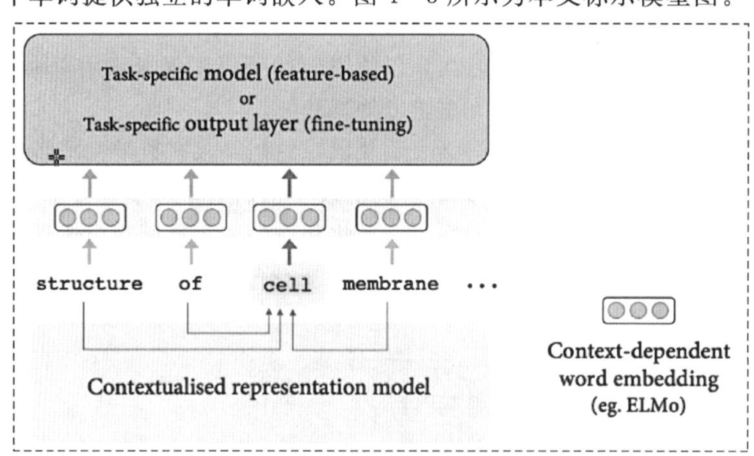

图 4－3　文本表示模型图

语言模型（Language Model）旨在预测句子中给定前面单词的下一个单词。为了能够准确预测序列中的单词，语言模型需要对单词在上下文中的语义和句法角色进行编码，这使它们成为单词表示的合适候选者。事实上，如今，语言模型不仅是自然语言生成的关键组成部分，也是自然语言理解的关键组成；此外，知识获取瓶颈对语言模型来说不是问题，因为它们基本上可以以无监督的方式在大量原始文本上进行训练，我们可以在大量数据集上训练初始模型，然后将知识转移到新任务。

2. 句嵌入表示

句子是自然语言文本的重要语言单位。句子表示一直是自然语言处理的核心任务，因为相关领域的许多重要应用的重点都是要通过理解句子进行的，例如摘要、机器翻译、情感分析和对话系统。句子表示旨在将语义信息编码为实值表示向量，该向量将用于进一步的句子分类或匹配任务。随着互联网上的大规模文本数据和深度神经网络的最新进展，研究人员倾向于使用神经网络（例如卷积神经网络和递归神经网络）来学习低维句子表示，并在相关任务上取得巨大进展。自然语言句子由单词或短语组成，遵循语法规则，并传达完整的语义信息。与单词和短语相比，句子具有更复杂的结构，包括顺序结构和层次结构，这对理解句子至关重要。在 NLP 中，如何表示句子对于相关应用至关重要，如句子分类、情感分析、句子匹配等。在深度学习开始之前，句子通常被表示为一个热向量或 TF - IDF 向量，遵循词袋模型的假设。在这种情况下，一个句子被表示为词汇大小的向量，其中每个元素表示特定单词（术语频率或 TF - IDF）对句子的重要性。然而，这种方法面临两个问题，首先，这种表示向量的维数通常高达数千或数百万，因此它们通常面临稀疏性问题，并带来计算效率问题；其次，这种表示方法遵循词袋模型假设，忽略了顺序和结构信息，这对于理解句子的语义意义至关重要。研究人员提出用深度神经网络（如卷积神经网络、递归神经网络等）对句子进行建模，与传统的基于词频的句子表示相比，深度神经网络可以捕捉句子的内部结构，例如，通过卷积或递归操作来获得序列和依赖信息，因此，基于神经网络的句子表示在句子建模和 NLP 任务中取得了巨大成功。使用单词和神经网络的连续表示或嵌入来进行预测的神经语言模型，其中连续空间中的嵌入有助于缓解语言建模中的维度灾难，而神经网络通过以分布式方式表示单词来避免这个问题，作为神经网络中权重的非线性组合；另一种描述是神经网络近似语言函数，神经网络结构可能是前馈或递归的，与概率语言模型类似，神经语言模型被构造和训练为学习预测概率分布的概率分类器：

$$P(s)=\prod_{i=1}^{l}P(w_i \mid w_1^{i-1}) \tag{4-1}$$

其中，单词 w_i 的条件概率可以通过各种神经网络（如前馈神经网络、递归神经网络等）来计算。利用对句子的直接训练来学习句子嵌入。神经网络模型背后的主要思想是它们预测输入句子周围句子的能力。这将提供模型对孤立句子的理解，而不必仅依赖于它们的组成部分。如图 4 - 4 所示为无监督句子嵌入技术

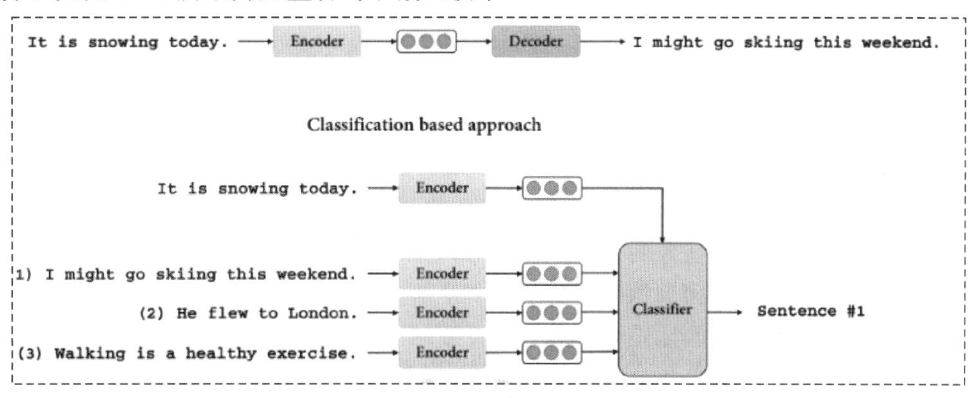

图 4 - 4　无监督句子嵌入技术

4.1.4　预训练语言模型

神经模型可以从语言建模中学习大量的语言知识，由于语言知识涵盖了许多下游 NLP 任务的需求，并提供了单词和句子的强大表示，一些研究人员发现，知识可以很容易地转移到其他 NLP 任务，转移的模型称为预训练语言模型（PLM）。

1. 预训练语言模型的关键技术

对于大多数的 NLP 任务，构建一个大规模的有标签的数据集是一项很大的挑战。相反，大规模的无标签语料是相对容易构建的，为了充分利用这些无标签数据，我们可以先利用它们获取一个好的语言表示，再将这些表示用于其他任务。预训练的好处如下：

（1）预训练可以从大规模语料中学习得到通用的语言表示，并用于下游任务。

（2）预训练提供了更优的模型初始化方法，有助于提高模型的泛化能力和加速模型收敛。

（3）预训练可以当作是在小数据集上一种避免过拟合的正则化方法。

上下文无关的文本嵌入主要有两个缺陷：一是嵌入是静态的，词在不同的上下文中的嵌入表示是相同的，因此无法处理一词多义；二是未登录词（out - of - vocabulary，OOV）问题，通常可以采用字符级嵌入表示解决该问题。为了解决上述问题，我们需要采用上下文相关的文本嵌入方法，区分在不同上下文下词的含义，给定一段文本 x_1，x_2，…，x_t，其中每段标记 $x_t \in V$ 为一个词或子词，x_t 基于上下文的表示依赖于整段文本。

$$[h_1, h_2, \cdots, h_t] = f_{\text{enc}}(x_1, x_2, \cdots, x_t) \tag{4-2}$$

式中，$f_{\text{enc}}()$ 为神经编码器；h_t 为标记 x_t 的基于上下文的嵌入或动态嵌入。

预训练语言模型之所以能取得如此好的效果，以下几方面技术起到了关键作用：第一，Transformer 特征提取器，传统的 NLP 一般都采用 RNN、LSTM 等模型来处理序列问题，这类模型不利于大规模并行计算，不能充分利用大规模的语料[92,93]，如图 4 - 5 所示。Transformer 在处理 NLP 任务时表现出两大优势，一是并行处理序列问题，效率极高，二是采用多头自注意力机制（Multi - headed Self - Attention），具有学习长依赖关系的能力；第二，自监督学习机制，不同于监督学习需要大量的标注数据来训练模型，自监督学习主要是通过预先设置的任务来自动生成自我监督信息，再从大规模的、无标注的数据中，通过这种构造的监督信息对模型进行训练，学习到对众多下游任务有价值的特征表示，自监督学习从形式上可以归类为无监督学习的范畴，但本质上是有监督信号的，构造监督信号的方法很多，例如 BERT 模型中采用的是 MLM（Masked Language Model，掩码语言模型）＋NSP（Next Sentence Prediction，下一句预测）任务来构建监督信号进行模型训练的；第三，下游任务微调，在使用大量无标注的数据训练出预训练通用模型之后，针对下游任务的数据集再次进行训练后，即可适用于下游任务。预训练模型使用方式有很多种，常见的有两种：一种是直接利用预训练模型提取的文本特征，作为特征向量，提供给下游的模型，这种方式下，预训练模型不参与下游任务的训练，预训练模型本体的参数不做调整，效果有限；另外一种比较主流的方式，是对预训练模型的部分或全部参数进行再次微调，可以充分适应下游任务的语料数据，但带来的问题是算力和存储资源的消耗比较大。

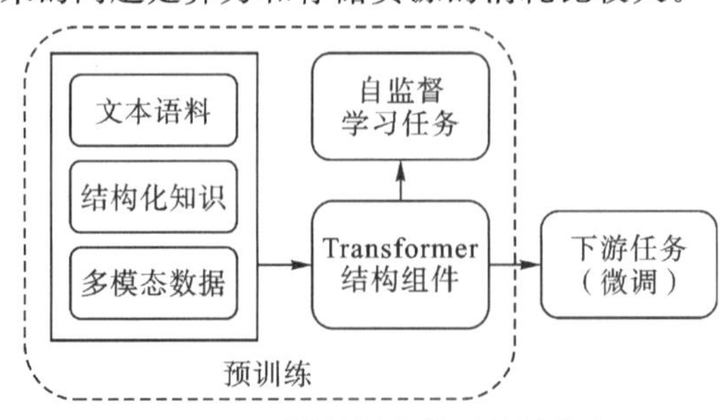

图 4 - 5　预训练语言模型关键技术

2. 应用预训练 BERT 模型

BERT 的特征抽取结构为双向的 Transformer，简单来说，就是直接套用 Attention is all you need 中的 Transformer Encoder Block 结构，虽然相比于 GPT，仅仅是从单向的变为双向的，但这也意味着 BERT 无法适用于自回归语言模型的预训练方式，因此，BERT 提出了两种预训练任务来对其模型进行预训练[94-97]。在 BERT 中，令 L 为 Transformer Block 的层数，H 为隐层大小，A 为自注意力头的数量。在所有情况中，设置前馈层的大小为 $4H$，BERT 提供了两种不同大小的预训练模型：

（1）BERTBASE：$L=12$，$H=768$，$A=12$，参数总量为 100 MB。

（2）BERTTARCE：$L=24$，$H=1024$，$A=16$，参数总量为 340 MB。

BERTBASE 采用了同 GPT 相同的模型大小用于比较，不同于 GPT，BERT 使用了双向的注意力机制。双向 Transformer 通常称之为 Transformer 编码器，仅利用左边上下文信息的 Transformer 由于可以用于文本生成被称为 Transformer 解码器。BERT，GPT 和 ELMo 之间的不同如图 4-6 所示。

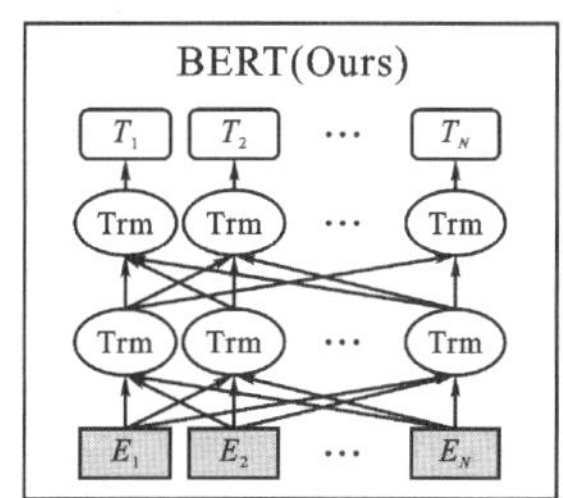

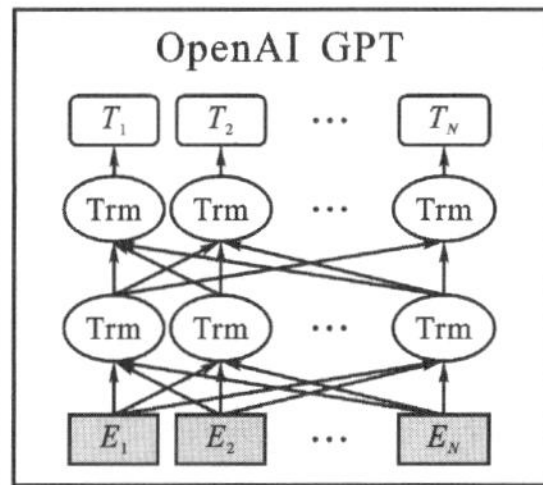

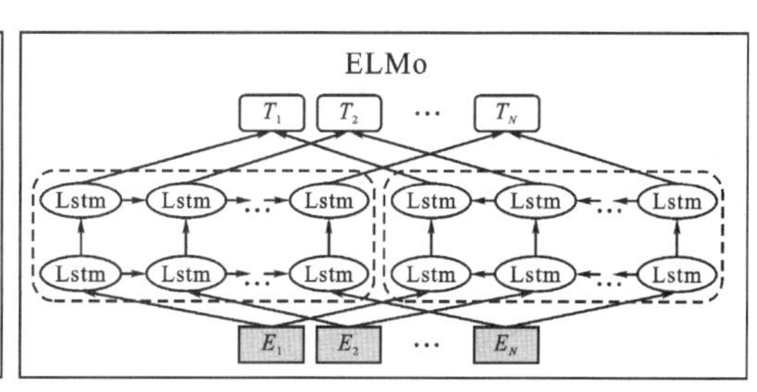

图 4-6　BERT、GPT 和 ELMO 模型示意图

BERT 的输入表示既可以表示一个单独的文本序列，也可以表示一对文本序列（例如，问题和答案）。对于一个给定的词条，其输入表示由对应的词条嵌入，分割嵌入和位置嵌入三部分加和构成，主要步骤如下：

（1）采用一个包含 30 000 个词条的 WordPiece 嵌入 。

（2）位置嵌入最大支持 512 个词条。

（3）序列的第一字符采用特殊的分类嵌入［CLS］，其最终的隐含状态在分类任务中用于汇总整个序列的表示，对于非分类任务则忽视该向量。

（4）句子对被整合成一个序列，首先利用一个特殊词条［SEP］对句子进行分割，其次对于第一个句子中的每个词条叠加一个学习到的 A 句子嵌入，对于第二个句子中的每个词条叠加一个学习到的 B 句子嵌入。

（5）对于一个单独的句子，仅使用 A 句子嵌入。

BERT 的输入表征由三种 Embedding 求和而成。

（1）Token Embeddings：即传统的词向量层，每个输入样本的首字符需要设置为［CLS］，可以用于之后的分类任务，若有两个不同的句子，需要用［SEP］分隔，且最后一个字符需要用［SEP］表示终止。

（2）Segment Embeddings：为［0，1］［0，1］序列，用来在 NSP 任务中区别两个句子，便于做句子关系判断任务。

（3）Position Embeddings：与 Transformer 中的位置向量不同，BERT 中的位置向量是

直接训练出来的。

在预训练阶段，BERT 采用了两个无监督预测任务。

（1）遮掩的语言模（Masked LM，MLM），不同于一般的仅利用［MASK］进行遮挡，BERT 选择采用［MASK］10％ 的随机词和 10％ 保留原始词的方式对随机选择的 15％ 的词条进行遮挡处理，由于编码器不知道预测哪个词或哪个词被随机替换了，这迫使其必须保留每个输入词条的分布式上下文表示，同时 1.5％ 的随机替换也不会过多地损害模型的理解能力。

（2）预测是否为下一个句子（Next Sentence Prediction），一些重要的下游任务，例如问答（Question Answering，QA）和自然语言推断（Natural Language Inference，NLI）是基于两个句子之间关系的理解，这是语言建模无法直接捕获的。BERT 通过训练一个预测是否为下一个句子的二分类任务来实现，对于一个句子对 A 和 B，50％ 的 B 是句子 A 真实的下一句，剩余 50％ 为随机抽取的。BERT 采用双向 Transformer 作为特征抽取结构，能够有效提取上下文信息用于序列编码。

BERT Fine - tunninng 应用会依赖不同的下游任务，我们仅需要对 BERT 不同位置的输出进行处理即可，或者直接将 BERT 不同位置的输出直接输入到下游模型当中。对于情感分析等单句分类任务，可以直接输入单个句子（不需要［SEP］分隔双句），将［CLS］的输出直接输入到分类器进行分类；对于句子对任务（句子关系判断任务），需要用［SEP］分隔两个句子输入到模型中，然后同样仅需将［CLS］的输出送到分类器进行分类；对于问答任务，将问题与答案拼接输入到 BERT 模型中，然后将答案位置的输出向量进行二分类并在句子方向上进行 softmax（只需预测开始和结束位置即可）；对于命名实体识别任务，对每个位置的输出进行分类即可，如果将每个位置的输出作为特征输入到 CRF 将取得更好的效果。

4.1.5 文本相似度计算

1. 文本相似度技术

目前，基于深度学习的语义文本相似度计算方法可以分为两大类：无监督方法和监督方法。无论是无监督方法还是监督方法，都需要在分布式词向量的基础上展开，词向量技术就是将单词映射成向量，最早出现的 one - hot 编码和 TF - IDF 方法都可以将单词映射为向量。但是，这两种方法都面临维度灾难和语义鸿沟问题，分布式词向量可以在保存更多语义信息的同时降低向量维度，在一定程度上可以克服维度灾难和语义鸿沟问题。

文本的相似度与文本之间的共性和差异性有关，两个比较文本之间共性越多，相似度越大，差异性越大，相似度越低。现如今，最常见的文本相似度度量方法是将其表示为［0，1］之间的一个数值。该数值通常通过语义距离来度量。文本的相似程度和其语义距离成反比。

2. 余弦相似度

余弦相似度是用来衡量向量空间中的两个向量是否接近、相似，其值越接近 1，就表明夹角越接近 0 度，也就是两个向量越相似，这就叫余弦相似性。余弦相似性：两个向量的夹角越接近于 0，其余弦值越接近于 1，表面两个向量越相似。假设在二维空间上有两个向量

A = [1，3]，**B**= [2，4]，如图 4－7 所示：

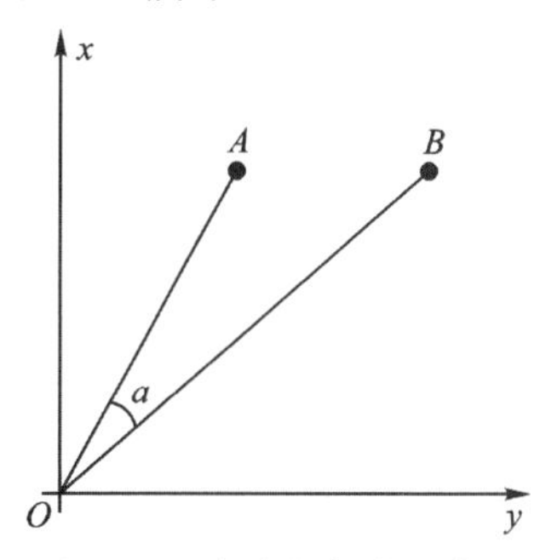

图 4－7　余弦相似度示意图

OA 和 OB 之间的夹角大小为 a ，向量之间的余弦值可由欧几里得点积公式求出，因此 **A**、**B** 两向量之间的余弦相似性可由以下公式计算出：

$$\text{similarity}=\cos(\theta)=\frac{\boldsymbol{A}\cdot\boldsymbol{B}}{\|\boldsymbol{A}\|\ \|\boldsymbol{B}\|}=\frac{\sum_{i=1}^{n}A_i\times B_i}{\sqrt{\sum_{i=1}^{n}(A_i)^2}\times\sqrt{\sum_{i=1}^{n}(B_i)^2}} \tag{4-3}$$

将文本使用分布式语义向量表示，然后计算两者的相似度。

4.1.6　基于 N 元语言模型抽取候选关键词

基于 N－Gram 的语种识别方法有许多不同的具体实现，其中比较一般的思路是首先定义一个特征计算方法，然后通过为每一个 N－Gram 计算词向量，再通过某种特征选择策略为每种语言选择出最具代表性的 N－Gram 集合，并根据这些集合生成语言模型。在识别新的文本时，首先将该文本划分成 N－Gram 序列，并根据相似度定义方法计算该序列与各个词组的相似度，选择相似度最大的词组作为该文本的候选关键词。

1. N－gram 语言模型

目前，常用于语种识别中文本划分和特征提取的基本技术有字节编码、字符、词袋模型、N－Gram 等，其中使用最为广泛的是 N－Gram 模型[98－100]。N－Gram 是基于马尔可夫假设对文本进行划分，该假设认为一个词的出现仅与它之前的若干个词有关[101,102]。因此对于 N 的不同取值可以得到不同的 N－Gram 划分序列，这些序列在一定程度上保留了字符、词之间的顺序信息。基于 N－Gram 模型在文本表示和语种识别上的优势，本课题将采用 N－Gram 作为最初的文本划分和表示方法，通过这种文本的划分来为进一步的文本特征表示和语种识别方法研究作铺垫。利用 N－Gram 词向量特征来对多语言文本建模，并通过相似度计算方法来识别未知文本的语种类型，这就是基于 N－Gram 的语种识别方法的核心思想。根据这一思想，很容易得到该类语种识别方法的一般流程。

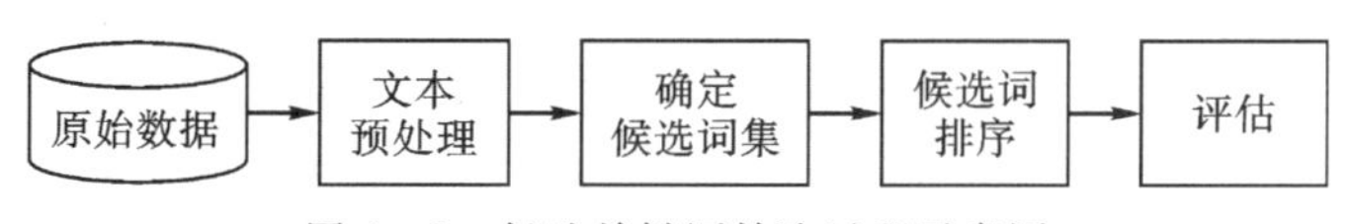

图 4－8　候选关键词抽取过程示意图

由于单词携带的语义信息较少，不足以提供分类所需的判别信息，因此通常用 N－

gram 来表示文本。本课题研究使用 N（$N=1$，2）元词组来表达文本语义，主要思路如下。

（1）文本预处理，分为，语料随机切分、去词性、统计词典等。

（2）使用经过预处理后的文本数据，对漏洞描述文本进行分词，每条文本分别生成 $N=1$ 的词组集合 $D_1=\{w_1, w_2, w_3, w_4, \cdots, w_n\}$ 和 $N=2$ 的词组集合 $D_2=\{w_1w_2, w_2w_3, w_3w_4, w_4w_5, \cdots, w_{n-1}w_n\}$。

（3）采用预训练模型 BERT 对 D_1、D_2 以及词集合所属的文本分别进行语义编码，使用 MaxPooling 获得每个词组以及文本的表征。

N - gram 语言模型是由单词组成的序列，$D=\{w_1, w_2, w_3, w_4, \cdots, w_n\}$，然后对于每一句话 D 评定一个概率 $P(D)=P(w_1, w_2, w_3, w_4, \cdots, w_n)$，如果概率越高，则说明这句话越符合语法[103,104]。一个完整的句子作为统计单位，其可统计的样本数据是非常有限的，所以得到的统计结果缺乏普遍性，在一句话里面一个词是否可能出现，依赖的是他邻近的几个词，当一段文本数据词典切分存在多种可能的结果时，就可以使用 N - Gram 模型对文本进行切分，一般情况下高阶语言模型所能表达的信息大于低阶语言模型，因此，我们可结合高阶和低阶的模型，对分本进行分割，在 N 不同的取值范围里，是可以切分出语义正确的词汇[105,106]。基于相似度量的方法首先为每种语言建立语言模型，然后将待识别文本按照相同的方式划分成 N - Gram 特征，再计算每一个文本特征到模型的“距离”，这种“距离”被称为 Out - of - Place，即按照词频排列的特征与模型中相匹配的特征所间隔的特征个数，没有匹配的特征距离被设置为某个最大距离[107,108]。最后，通过比较该文本与各个语言模型的距离大小，选择距离最小的语言作为标签分配给该文本。

2. 候选关键词抽取

在对漏洞文本数据进行 N - gram 词组分词后，通过词组与文本的相似度比较，抽取前 20 个词组作为表达文本语义的候选关键词组。候选关键词提取步骤为，首先，将原始文本切分成长度为 m 的词序列 $\{w_1, w_2, w_3, w_4, \cdots, w_n\}$，经过对得到的词向量集合进行候选关键词去重处理筛除部分词，得到 n 个候选词；然后，将候选词输入 BERT 模型将词向量化获得对应的词向量；接着，对全文使用 BERT 模型全文向量化的方法获得全文语义向量；最后，计算候选关键词向量与全文语义向量之间的相似度，并排序、提取目标关键词，完成全部提取过程。该方法的优点是通过预训练模型生成的候选词向量是动态的，并结合了全文语义信息来筛选关键词，同时解决了使用相似度在关键词选取任务中产生的词义重复的问题。

文本被分割为词组集合 $D_1=\{w_1, w_2, w_3, w_4, \cdots, w_n\}$ 和词组集合 $D_2=\{w_1w_2, w_2w_3, w_3w_4, \cdots, w_{n-1}w_n\}$ 后，随后需要将其转换为语义向量。本研究所选用的 BERT 模型能够根据上下文动态地生成词向量，相较于静态词向量的优势是能够更好地联合上下文语义，并将语义信息融入候选词的向量表示中，使获得的向量能够更准确地表示其在当前语境下的含义，词向量获取的具体过程如图 4 - 9 所示。

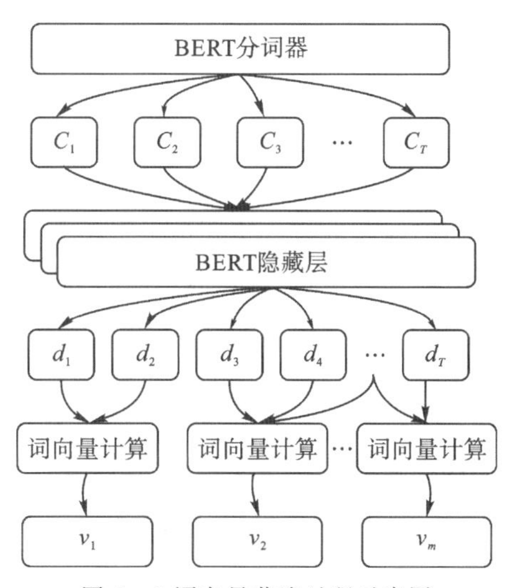

图 4-9 词向量获取过程示意图

首先将原始文本 D 输入 BERT 分词器中进行切分处理，其对中文的切分方式是以单字为单位，将文本切分成单字序列 $\{w_1, w_2, \cdots, w_n\}$，将单字序列输入 BERT 模型的隐藏层中。通过 BERT 隐藏层获取向量序列，其过程可用式（4-4）表示：

$$\{d_1, d_2, \cdots, d_n\} = \text{Bert\_encoder}(\{w_1, w_2, \cdots, w_n\}) \tag{4-4}$$

d_n 为 BERT 模型的隐藏层 Bert _ encoder 输出的单字向量，与输入单字 w_n 对应，且包含上下文语义信息。进而可得候选单词的词向量。

首先在原始文本的起始位置添加“[CLS]”标识，加入此标识的目的是利用此标识获取全文语义向量。然后将原始文本 D 输入 BERT 分词器，由于 BERT 模型的隐藏层输入序列长度限制在 512 维以内，因此经过 BERT 模型分词器拆分的序列长度若超过 512 维，则将超过 512 维的部分截去。然后将得到的单字序列输入 BERT 模型的隐藏层中，使用的隐藏层与获取词向量任务的隐藏层一致，“[CLS]”标识所对应的输出向量包含了下文语义信息，因此考虑直接将此向量作为全文语义信息的表示向量。

经过以上步骤处理完成的向量已处于同一维度下，对其进行相似度评判是有意义的。将上述步骤中获取的 d_{CLS} 作为全文语义表示向量，与每个候选关键词的向量 V 进行余弦相似度近似度计算，根据相似度分数进行排序，选出相似度分数值最高的前 20 个 N 元词组作为该文本的候选关键词。

4.2　基于掩码的软件漏洞知识抽取方法

软件漏洞知识抽取方法融合 N-gram 语言模型，首先对漏洞文本进行候选关键词抽取，基于词与文本的相似度分数值由高到低进行排序，选取前 20 个 N 元词组作为候选关键词；在完成候选关键词抽取的基础上生成漏洞掩码文本，进而抽取漏洞知识。本章主要介绍漏洞知识抽取方法的整体框架、漏洞掩码文本的生成方法以及基于掩码的软件漏洞知识抽取方法的实现，最后介绍了漏洞知识图谱的构建工作。

4.2.1 漏洞知识抽取模型

漏洞知识抽取是从数据库中识别有效的、可炼化的信息，并通过清洗和融合转化为人们可理解的知识的过程。当前相关恶意软件知识主要存在于分析人员的分析报告中，由于大量的网络漏洞分析材料是分散且不成体系的，分析人员水平参差不齐，报告缺乏统一标准，分析粒度粗细不均，所以直接以分析报告进行知识抽取存在技术难度高，提炼关键信息难，上层应用逻辑复杂的问题。针对这种情况，本方法集合 CVE 和 CWE 漏洞报告披露数据库，根据软件漏洞知识的特征，提出了软件漏洞知识抽取系统的方法，该方法在大样本量、复杂样本的环境中高效稳定地对样本进行分析，可以得到高价值的半结构化数据。然后通过对抽取的半结构化数据结果进行二次知识清洗与抽取，得到最终的节点、关系、属性信息。方法具体框架图如图 4-10 所示。

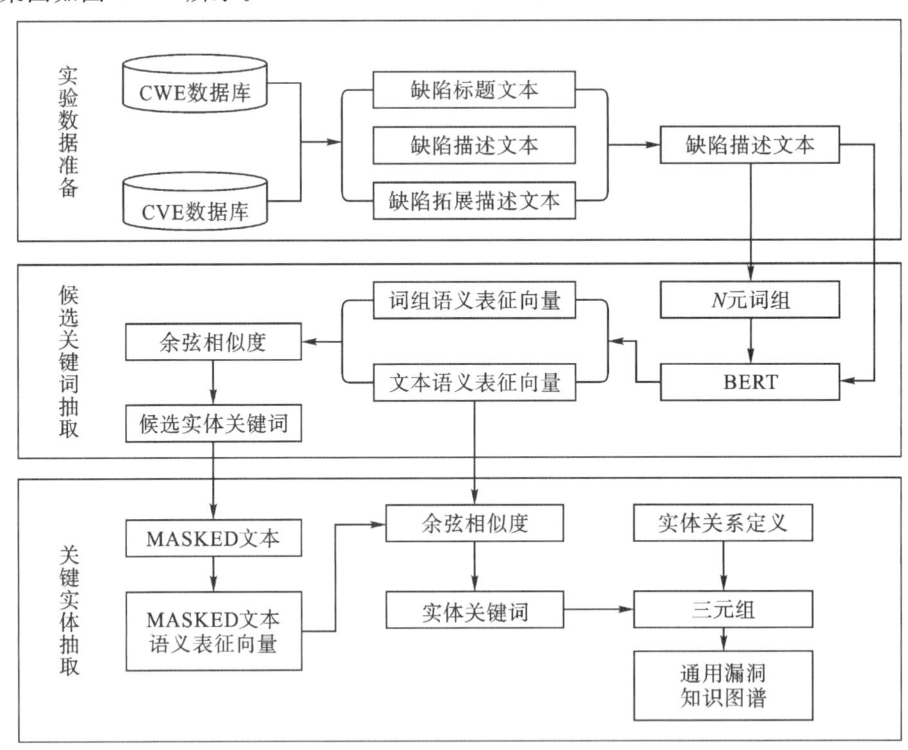

图 4-10 知识抽取框架图

软件漏洞知识抽取主要包含以下步骤。

(1) 采用第 3 章讲述的 N-gram 候选关键词抽取的方法进行候选关键词抽取。对需要抽取知识的软件漏洞数据进行文本候选关键词抽取，对漏洞的类型、原因、造成的后果等重要方面进行初步的关键知识提取，提高信息的有效浓度，使得模型能更准确地抽取漏洞的主要特征信息。

(2) 构建漏洞掩码文本。在原始漏洞文本中依次找到步骤 (1) 中抽取的候选关键词，分别使用［MASK］关键字替代该词，以构建漏洞掩码文本；每次仅替代一个 N 元候选关键词，该掩码文本可以用于对漏洞知识的最终抽取。

(3) 漏洞文本表示学习。使用预训练的 Bert 模型分别生成漏洞原始文本和掩码文本的语义嵌入向量，该向量可以分别表示原始文本的语义信息和每个候选关键词对应的掩码文本的语义信息。

（4）掩码文本与原始文本相似度计算。通过计算每个候选关键词对应的掩码文本与漏洞原始文本的语义相似度，可以确定相应的候选关键词的重要性，候选关键词对应的掩码文本与原始文本的相似度越高，表示遮掩该候选关键词所损失的关键信息越少，则对应的候选关键词越不重要，反之则越重要。

（5）漏洞知识抽取。基于掩码文本与原始文本的相似度信息可以确定候选关键词所表示的信息重要与否，根据掩码文本与原始文本的相似度分析由低到高的排序，便可以确定候选关键词中哪些词表示的信息对漏洞文本最重要，我们可以确定该候选关键词为需要抽取的重要漏洞知识。

（6）漏洞知识图谱构建。定义漏洞实体之间的关系后，组成了漏洞知识三元组，该三元组包含〈漏洞实体，关系，漏洞实体〉，将该三元组导入 Neo4j 数据库中，生成漏洞知识图谱，该图谱可以充分表达不同漏洞之间的关系。

4.2.2　漏洞掩码文本生成

1. 基于候选关键词生成掩码文本

采用 N - gram 语言模型抽取候选关键词，基于对漏洞文本知识的研究，候选关键词由一个单词（Unigram）或者两个单词组成的词组（Bigram）生成，即为一元候选关键词和二元候选关键词，主要基于计算词与漏洞文本的相似度的思想来抽取漏洞知识，但仅仅通过计算词与文本的语义信息来抽取知识存在一些问题。

（1）词组所能表达的语义信息有限，无法完全概括整个漏洞文本所要表达的漏洞特征及知识，存在大量信息损失，对于抽取漏洞知识不利。

（2）文本语句表达的信息更全面，与词组表达的语义信息不对称，通常情况下一元候选关键词表达的信息不及二元候选关键词表达的信息全面，计算词与文本的语义特征相似度，更长的词组具有更高的相似度分数，但是有时候更长的候选关键词却不是我们想要的漏洞关键知识[109,110]。

考虑存在以上问题，本研究提出计算漏洞掩码文本与漏洞原文本相似度的方法可以很好地解决以上问题，二者都是基于整个文本信息的表示来进行语义计算。

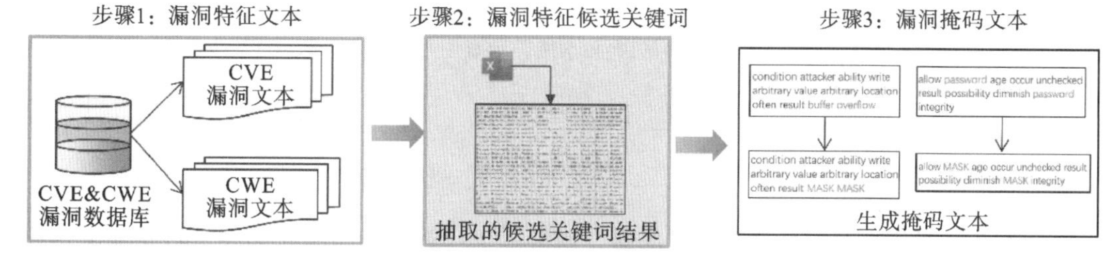

图 4 - 11　漏洞掩码文本示意图

在 CWE 和 CVE 漏洞文本数据基础上抽取一元候选关键词和二元候选关键词，使用［MASK］关键字依次替换候选关键词生成掩码文本，每个候选关键词分别对应生成一份漏洞掩码文本，候选关键词被遮掩后，原漏洞文本表达的信息存在一定损失，依据漏洞特征损失的大小，可以确定该候选关键词是否为表达该漏洞特征的核心词。

2. 掩码文本生成过程

漏洞掩码文本依据候选关键词生成，采用 N - gram 语言模型抽取一元候选关键词（Unigram）和二元候选关键词（Bigram），根据生成的前 $K(K = 20)$ 个候选关键词，依次使用［MASK］遮掩后，每份漏洞文本对应生成 20 份掩码文本，因此每份漏洞掩码文本与原漏洞文本相比都存在一定的漏洞特征信息损失，通过与原文本比较信息损失的大小，可以确定该掩码文本对应的候选关键词是否为漏洞特征关键知识；生成掩码文本的过程如图 4 - 12 所示。

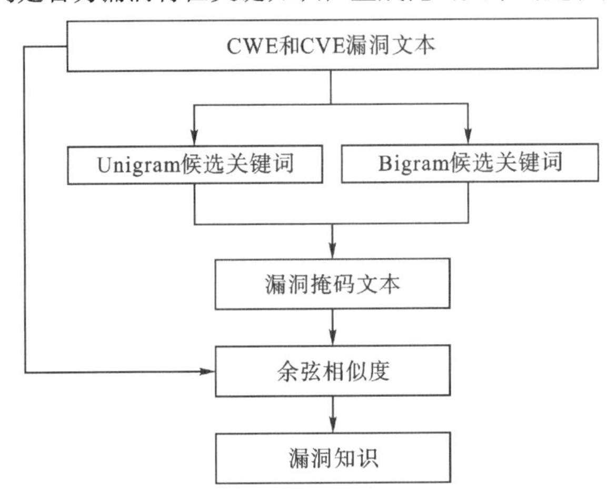

图 4 - 12 漏洞掩码文本生成过程

遮掩候选关键词生成的掩码文本示意图如图 4 - 13 所示。

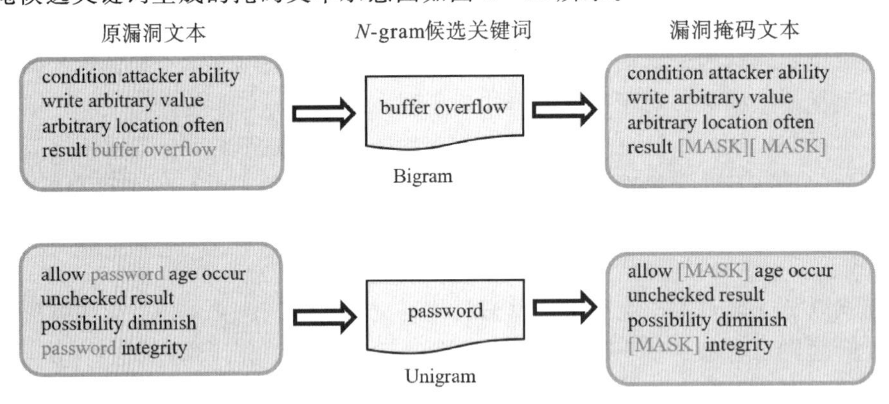

图 4 - 13 文本掩码示意图

4.2.3 漏洞知识抽取方法实现

1. 知识抽取算法设计

本研究提出将候选关键词遮掩后生成漏洞掩码文本，然后与漏洞原文本进行相似度比较，将知识抽取的方式转变为进行文本级的比较，与传统采用词或者词组与文本进行比较区别是本书的方法克服了传统方法中词或词组表达漏洞特征存在较多信息缺失的问题，且词级与文本级的比较会因为词的长度等信息的干扰，造成抽取知识的准确度有所降低；本研究提出的漏洞掩码文本与原文本的相似度比较，可以确保两份文本在其他信息相同的情况下，仅仅遮掩候选关键词产生差异，因此而产生的信息损失只与候选关键词有关，例如掩码文本与原文本相似度较低，则说明被遮掩掉的候选关键词表示了丰富的漏洞特征信息，该词就越重要，反之则表示遮掩该词产生的信息损失较少，重要性就较低。如图 4－14 所示为漏洞知识抽取算法流程图。

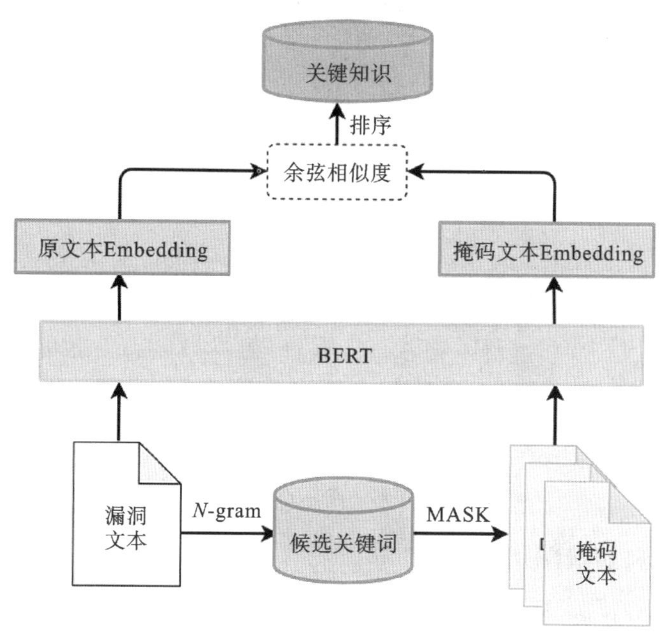

图 4－14 漏洞知识抽取算法流程图

分别计算每条文本与该文本所有对应的掩码文本相似度后，按该相似度分数值由低到高排序，即可准确抽取漏洞特征的关键知识。经过研究分析后我们从 20 个候选关键词中，由掩码文本相似度确定前 6 个文本对应的候选关键词为漏洞特征的关键知识。

2. 漏洞掩码文本语义计算

通过使用编码器可以生成漏洞文本和掩码文本语义嵌入向量，该向量包含了整个文本信息，这两个向量进行余弦相似度比较，如果相似度较低则表明该掩码文本的语义和原文本存在较大差别，该差别源自被［MASK］遮掩掉的候选关键词，该词即为需要抽取的漏洞特征知识。如图 4－15 所示为漏洞文本嵌入过程示意图。

漏洞掩码文本计算主要有以下步骤。

（1）使用［MASK］遮掩候选关键词。每次按序遮掩一个词或者词组，如果文本中存在重复的词或者词组，则在原文本中将这些重复词或者词组全部使用［MASK］替换。

（2）漏洞原文本与掩码文本嵌入。使用预训练语言模型 Bert 对文本进行嵌入生成语义向量，每个文本都会对应生成一个 768 维的向量。

（3）文本相似度计算。对生成的漏洞文本向量和掩码文本向量进行余弦相似度计算，结果产生一个相似度分数值。

（4）依据相似度排序。依据上一步产生的相似度分数值由低到高排序，抽取漏洞特征知识。

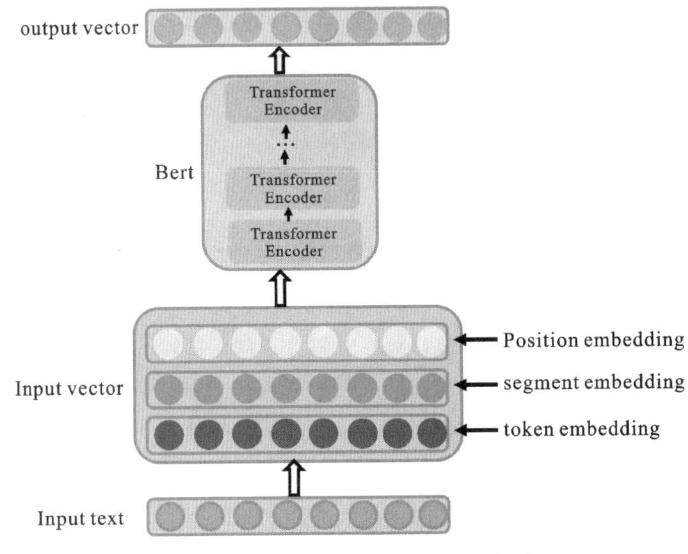

图 4-15　漏洞文本嵌入过程示意图

4.2.4　软件漏洞知识图谱构建

1. 漏洞知识类别定义

对 CWE 和 CVE 漏洞知识进行抽取后，通过对这些知识特征的研究分析，基于软件安全领域知识，对实体关键词进行分类，共分为 10 种不同类别的漏洞实体种类，将抽取的漏洞知识归入这些分类中，有利于分析漏洞之间的关系。漏洞类别如表 4-1 所示。

表 4-1　漏洞知识类别

类别	描述	示例
Behavior	对输入输出、参数进行修改等操作类相关实体	Modify；SQL injection
Property	用于描述对系统预期安全模型很重要的单个资源或行为的安全相关特性描述	neutralize；configuration；pointer
Resource	描述产品操作中访问或被修改的对象或实体	memory or CPU；Log
Language	代码语言	SQL；XML；html；crlf
Consequence	产生的后果或者影响类实体	Crash；Modify memory
Attack Vector	攻击类实体	attacker
Behavior Qualifiers	缺陷行为的限定描述类关键词	Improper；Missing；Implicit
Protection Mechanisms	有助于产品的安全保障类实体，与授权、验证相关实体	Authentication；Privilege ；Neutralization
Technology	缺陷相关的技术描述	Cloud Computing；Mainframe
others	其他实体	

2. 漏洞实体关系定义

漏洞知识图谱三元组包括〈实体，关系，实体〉，依据漏洞知识类别定义并结合软件安全领域漏洞的产生、造成的结果以及漏洞之间的关系，针对抽取自 CWE 和 CVE 漏洞文本的知识定义了 7 种关系，这些关系表示了漏洞之间的主要关系类别；依据漏洞类别之间的关系可以确定漏洞之间的关系，然后建立漏洞知识三元组，如表 4－2 所示。

表 4－2　漏洞关系

类别	描述	说明
CR (Causal Relationship)	因果关系	A 导致 B 发生
BR (Behavior Relationship)	行为关系	漏洞主体做了什么事情、有什么行为
RR (Result Relationship)	后果关系	漏洞造成什么后果
SR (Similar relationship)	相似关系	漏洞之间的相似性
CLR (constraint limited relationship)	限制关系	包含关系
IR (Inclusion relationship)	限制约束	A 包含 B
OT (other)	其他	其他

3. 漏洞知识图谱构建成果

知识图谱由图数据库存储，其主要存储数据结构为图结构，由节点以及节点之间的关系边组成。相比于关系数据库，图数据库的优点是解决了关系型数据库查询复杂及缓慢等问题，可以科学且高效地表达数据集和数据间的关系。Neo4j 是知识图谱领域常用的图谱存储数据库，是一个高性能的 NoSQL 图形数据库。

本研究涉及的漏洞知识图谱采用 Neo4j 存储，以漏洞知识实体为节点，以漏洞之间的关系为边，通过该数据库可以直观地发现不同文本漏洞之间的关系，将 CWE 和 CVE 漏洞知识在该数据库中融合在一起，可以充分发挥知识图谱的优势，帮助人们进行漏洞分析，如图 4－16 所示。

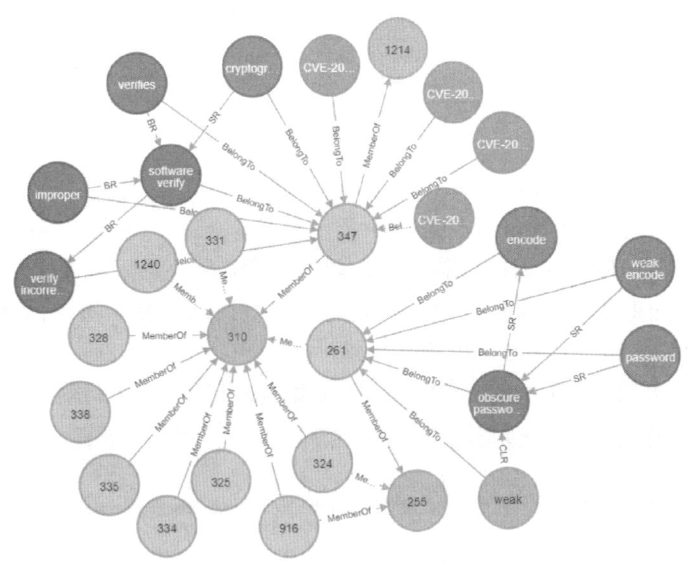

图 4－16　基于 Neo4j 的漏洞知识图谱展示

4.3 实验分析

本章主要介绍实验数据的准备、算法性能评价指标以及算法的性能对比实验。实验通过抽取 CWE 和 CVE 数据库的漏洞特征知识，对比分析四种模型的实验结果，验证本文研究方法的有效性；通过不同参数设置的实验结果对比分析，验证本方法中参数设置的合理性。

4.3.1 实验数据

1. 实验数据集

为了评估本研究的漏洞知识算法表现，我们针对目前通用的漏洞数据库 CWE 和 CVE 中的漏洞文本进行知识抽取，使用二者数据库中软件开发相关的漏洞数据，爬取相关数据并构建了实验数据集。数据集包含 CWE 数据库中软件开发类别 CWE－699 目录下漏洞文本数据 419 个以及 CVE 中与 CWE－699 相关的所有软件开发漏洞文本数据 1300 个。抽取这 1719 个漏洞文本，共抽取到软件漏洞知识三元组 28 000 个。三元组中包含漏洞实体 11 571 个，以及对应的 7 种关系。对数据集中 500 条文本进行手动知识抽取，共抽取 4500 个漏洞实体作为测试数据集，如表 4－3、表 4－4 所示。

表 4－3　漏洞文本数据统计信息

数据集	文本数量
CWE 数据	419
CVE 数据	1300
测试集	500

表 4－4　实验数据统计信息

训练集文本	测试集文本	测试集实体
1719	500	4500

2. 通用漏洞数据库（CVE）

CVE 数据库是一个众所周知的汇集软件开发人员、组织和协调中心报告的有关安全漏洞信息的软件漏洞数据库。它为每个软件漏洞提供一个唯一的通用标识符，以支持安全产品之间的数据交换，如图 4－17 所示。此外，它还为安全评估工具和服务的覆盖范围提供了一个基准。截至 2019 年 11 月 17 日，共有 123454 个 CVE。CVE Details 网站为漏洞报告提供了一个网络接口 155，该接口集成了 CVE 和国家漏洞数据库（National Vulnerability Dat a-base，NVD）1561 中的信息，包括漏洞描述、漏洞特征、相关 CWE－ID 和许多其他信息。

CVE-2009-1837 Detail

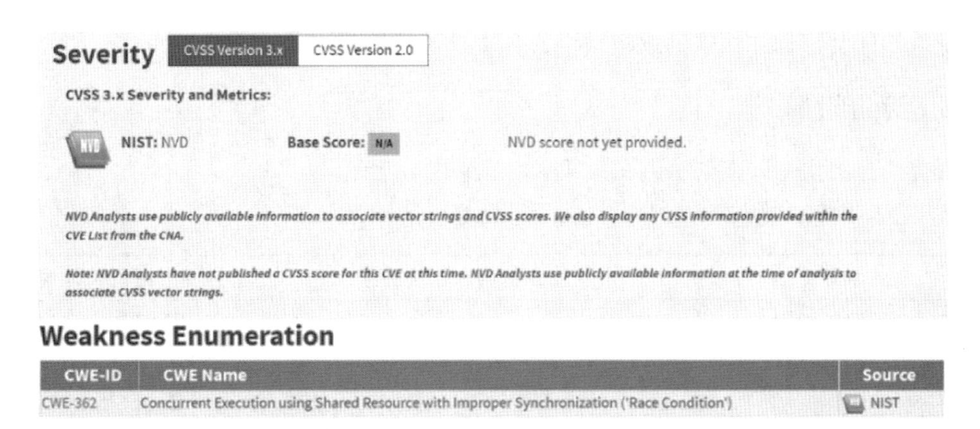

MODIFIED

This vulnerability has been modified since it was last analyzed by the NVD. It is awaiting reanalysis which may result in further changes to the information provided.

Description

Race condition in the NPObjWrapper_NewResolve function in modules/plugin/base/src/nsJSNPRuntime.cpp in xul.dll in Mozilla Firefox 3 before 3.0.11 might allow remote attackers to execute arbitrary code via a page transition during Java applet loading, related to a use-after-free vulnerability for memory associated with a destroyed Java object.

Severity

CVSS Version 3.x　CVSS Version 2.0

CVSS 3.x Severity and Metrics:

NIST: NVD　Base Score: N/A　NVD score not yet provided.

NVD Analysts use publicly available information to associate vector strings and CVSS scores. We also display any CVSS information provided within the CVE List from the CNA.

Note: NVD Analysts have not published a CVSS score for this CVE at this time. NVD Analysts use publicly available information at the time of analysis to associate CVSS vector strings.

Weakness Enumeration

CWE-ID	CWE Name	Source
CWE-362	Concurrent Execution using Shared Resource with Improper Synchronization ('Race Condition')	NIST

图 4-17　2009—1837 漏洞报告案例

我们可以从漏洞描述、漏洞特征信息中抽取漏洞的关键知识，构建漏洞知识图谱，并利用 CVE 中的 CWE 关联信息，与 CEW 漏洞知识图谱融合在一起，组成完整全面的漏洞信息图谱。

3. 通用缺陷数据库（CWE）

CWE 数据库是一个社区驱动的漏洞类型的分类与枚举数据库，称为通用软件缺陷数据库。CVE 信息是非结构化的、粗粒度的，而 CWE 数据库能够为一类软件漏洞和各种关系（包括同质关系和异质关系）提供有效的结构化知识。几乎所有 CWE 都与其他 CWE 有着通用的语义关系。一些 CWE 文档提供了可在现有软件缺陷上执行的缺陷漏洞（CVE）列表。CVE 以 CWE 示例的形式展现出与 CWE 之间的关联，这与 CVE 页面中的相关信息是吻合的。CWE-368 漏洞文档示例如图 4-18 所示。

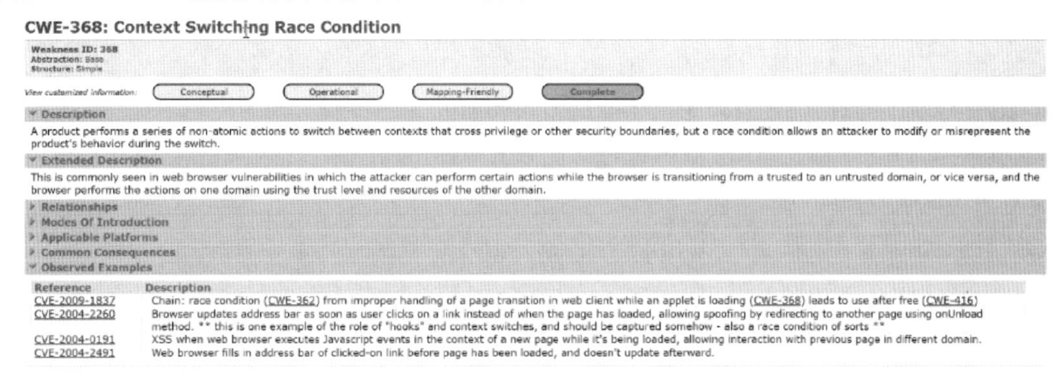

CWE-368: Context Switching Race Condition

Weakness ID: 368
Abstraction: Base
Structure: Simple

View customized information: Conceptual　Operational　Mapping-Friendly　Complete

▼ Description

A product performs a series of non-atomic actions to switch between contexts that cross privilege or other security boundaries, but a race condition allows an attacker to modify or misrepresent the product's behavior during the switch.

▼ Extended Description

This is commonly seen in web browser vulnerabilities in which the attacker can perform certain actions while the browser is transitioning from a trusted to an untrusted domain, or vice versa, and the browser performs the actions on one domain using the trust level and resources of the other domain.

▸ Relationships
▸ Modes Of Introduction
▸ Applicable Platforms
▸ Common Consequences
▼ Observed Examples

Reference	Description
CVE-2009-1837	Chain: race condition (CWE-362) from improper handling of a page transition in web client while an applet is loading (CWE-368) leads to use after free (CWE-416)
CVE-2004-2260	Browser updates address bar as soon as user clicks on a link instead of when the page has loaded, allowing spoofing by redirecting to another page using onUnload method. ** this is one example of the role of "hooks" and context switches, and should be captured somehow - also a race condition of sorts **
CVE-2004-0191	XSS when web browser executes Javascript events in the context of a new page while it's being loaded, allowing interaction with previous page in different domain.
CVE-2004-2491	Web browser fills in address bar of clicked-on link before page has been loaded, and doesn't update afterward.

图 4-18　CWE-368 漏洞文档示例

4.3.2 实验方法

融合 N - gram 语言模型和掩码文本的方法是本研究提出的漏洞知识抽取方法（NG _ MDERANK），具体地，该方法首先使用 N - gram 语言模型进行漏洞候选关键词抽取，然后基于文本候选关键词结果，生成对应的掩码文本抽取漏洞特征知识。

采用三个典型的关键词抽取算法对 CWE 和 CVE 漏洞文本进行知识抽取，与本研究方法的结果进行比较。这三个算法分别是词频-逆向文件频率（term frequency - inverse document frequency，TF - IDF）、YAKE 与词-文本语义相似度（EmbedRank）的方法，它们都被广泛应用于关键词和知识抽取领域中，具有良好的性能表现。

4.3.3 评价指标

本研究通过混淆矩阵来划分测试结果，如表 4 - 5 所示。

表 4 - 5　混淆矩阵

实际值	未预测为漏洞关键词	预测为漏洞关键词
漏洞关键词	FP	TP
非漏洞关键词	TN	FN

作为更综合的评价指标，F_1 @K($K \in \{5，10，15\}$) 表示最终取抽取结果的前 K 个关键词。

4.3.4 实验结果及分析

1. 漏洞知识抽取实例分析

采用本研究方法 NG _ MDERANK 模型抽取漏洞知识关键词，主要包括两部分工作：

(1) 漏洞知识候选关键词抽取，通过模型中 N 元语言算法进行抽取，该算法可以抽取一元候选关键词和二元候选关键词。

(2) 漏洞知识关键词抽取，通过模型中的掩码文本相似信息计算模块完成，该模块在抽取候选关键词的基础上，生成相应的掩码文本，通过候选关键词掩码文本与原文本的相似度计算，抽取最终漏洞知识关键词。

以下以抽取漏洞文本 CVE - 2021 - 21972 中的漏洞知识为例，详细分析本研究方法的抽取步骤。

NG _ MDERANK 抽取漏洞知识关键词的步骤如下。

(1) 对 CVE - 2021 - 21972 数据进行清洗，去掉停用词、标点符号等干扰信息，获得用于漏洞知识抽取的标准文本数据，如图 4 - 19 所示。

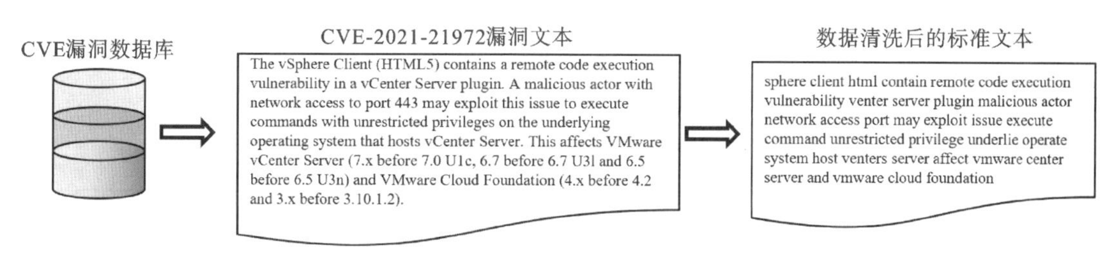

图 4－19　生成标准文本数据

(2) 通过 N 元语言模型，抽取漏洞知识候选关键词。在该步骤中，首先使用 N 元语言方法生成 N 元词组，通过预训练 BERT 模型生成词组与文本语义向量，通过相似度计算生成 N 元候选关键词，如图 4－20 所示；本研究采用一元词组和二元词组进行实验研究。

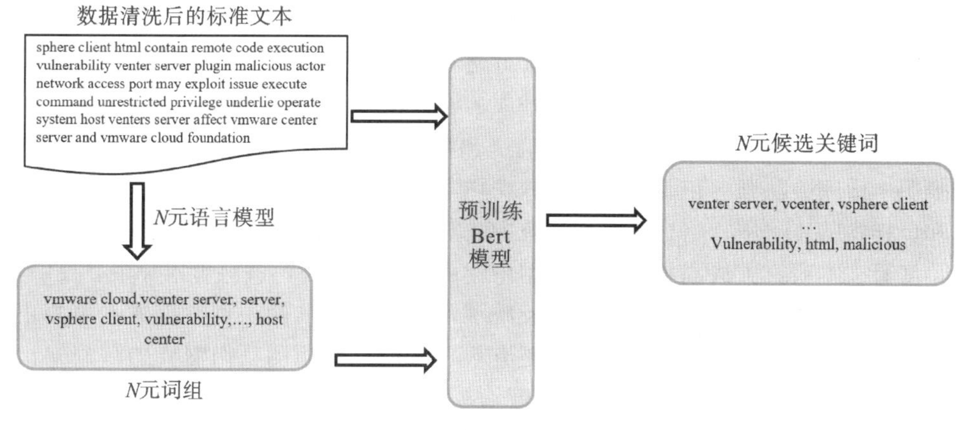

图 4－20　生成 N 元候选关键词

(3) 在原文本基础上依次使用［MASK］遮掩掉候选关键词，生成对应的掩码文本；将每个关键词对应的掩码文本与原文本作相似度文本计算，并按照相似度的分值从低到高的顺序排列，取前 10 个候选关键词作为需要的漏洞知识，如图 4－21 所示。

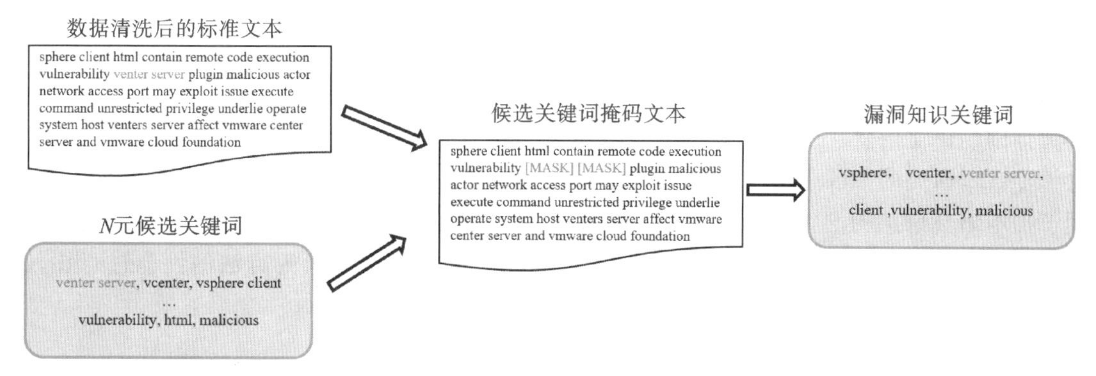

图 4－21　生成漏洞知识关键词

该示例实验按照本研究方法进行，通过主要的两步计算可抽取漏洞文本中的漏洞关键知识，该方法的性能分析将在后文实验中进行对比分析。

2. 算法性能分析

表 4-6 展示了本研究方法（NG _ MDERANK）与 TF-IDF、YAKE、EmbedRank 几种无监督算法在 CVE 和 CWE 实验数据集上的抽取结果均值。

表 4-6 各评价指标实验结果均值

算法模型	accuracy	precision	recall	F1
TF-IDF	0.525	0.393	0.533	0.478
EmbedRank	0.52	0.44	0.423	0.486
YAKE	0.565	0.513	0.552	0.614
NG _ MDERANk	0.614	0.585	0.605	0.65

在本研究实验中，通过对常用的几种关键词抽取算法性能的对比，从不同的评价维度进行多角度分析，本研究提出的漏洞知识抽取方法在各方面性能总体上优于对比模型，证明了本方法综合性能的优异，以及对漏洞知识抽取的有效性。

从准确率的角度看各模型性能，本研究提出的 NG _ MDERANK 算法是所有模型中最优的，表明本研究方法预测正确的结果占数据样本总量的比例最大，该评价指标同时包括了正样本和负样本的正确率，综合表明本研究方法对样本的整体预测准确程度较高；从精确率评价的角度看，本研究方法同样是所有模型中性能最优的方法，该评价指标主要反映在数据样本中，对正样本预测结果的准确程度，反映了模型能否更准确识别数据样本中的正样本，该评价指标值越高，模型对正样本的识别越有效，越能准确预测我们需要的漏洞知识类型。F1 分值则综合考虑了精确率和召回率的平衡，在知识抽取领域，F1 值通常通过评价模型预测 5 个实体、10 个实体和 15 个实体的命中率来表示，表格中展示的 F1 值为模型预测 10 个实体对应的分值，该分值越大表明模型命中率越高，模型的综合性能越优；在表格所展示的几类模型中，NG _ MDERANK 的 F1 值高于其余模型，表明在相同的试验条件下，该方法越能准确识别漏洞文本的关键知识，我们利用该模型抽取漏洞知识后，构建的知识图谱也越有效。

在以上方法中，TF-IDF 是基于统计的抽取算法，考虑了词频以及文档数量对性能的影响；EmbedRank 方法使用深度学习方法生成词与文本的语义向量，该方法的优点是融合了关键词的语义信息；YAKE 算法综合考虑了关键词位置、词频等信息，具有更丰富的信息维度；本研究的 NG _ MDERANK 算法通过预训练 BERT 模型进行文本嵌入表示，在利用了文本语义信息的同时，结合了关键知识在文本中的位置信息，并结合了以上模型的优点；使用这些算法作为对比分析模型，可以从各信息维度上对本研究方法的性能进行比较，具有更强的综合比较性能，如图 4-22 所示。

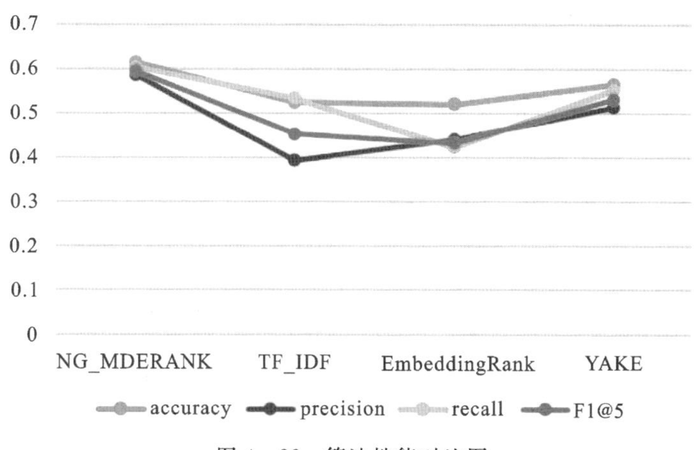

图 4－22　算法性能对比图

3. K 取值对模型性能的影响

表 4－7 展示了各模型抽取 CWE 和 CVE 漏洞知识的 F1@ K 值，在不同 K 取值情况下，比较各模型性能。

表 4－7　各模型 F1 @ K 实验结果

算法模型	F1@5	F1@10	F1@15
TF－IDF	0.452	0.478	0.482
EmbedRank	0.432	0.486	0.506
YAKE	0.518	0.614	0.624
NG _ MDERANK	0.594	0.650	0.672

F1 分值在精确率和召回率之间取得了平衡，更高的精确度意味着算法进行了严格分类，通过评价模型预测数据样本中的实际正样本比例来进行评价，通常会降低模型的召回率；而更高的召回率表示模型更松懈，它允许其他类似于正类的样本通过，从而降低了精确度；F1 分值在二者之间取得平衡，可以综合评价算法的性能优劣，是命名实体识别和知识抽取领域常用的评价方法。F1@ K($K \in \{5, 10, 15\}$) 中，不同 K 的取值对模型性能有着重要影响。

通过对比漏洞文本知识抽取实验数据，我们可以发现本研究的方法 NG _ MDERANK 在不同 K 值下均优于其余模型性能，表明该模型对于漏洞文本知识抽取的有效性。在 K 值为 5 的情况下，EmbedRank 方法性能表现最弱；K 值为 10 和 15 时，TF－IDF 方法性能均弱于其余模型，经分析可以发现，随着 K 取值的变化，各模型的性能表现均有所变化，性能总体随着 K 值的增大而增大，这是因为随着 K 值增大，模型对漏洞关键知识的命中率不断提高，在同样的实验条件下，NG _ MDERANK 的性能也随 K 值增大而提升，并且得分最高。

图 4－23 同样可以反映出，在 K 取不同值时，各算法性能均有差异，K 值越大模型性能表现越好；在 K 取值相同的情况下，NG _ MDERANK 与 YAKE 算法性能明显优于其余模型，其中 NG _ MDERANK 的得分值始终在同一条曲线的最高点。通过分析二者的优点，

主要原因是 NG _ MDERANK 与 YAKE 算法中都融入了关键知识的位置信息，通过位置信息可以结合文本中上下文的关联信息，使得它们相较于其余模型具有更丰富的信息维度，从而能更准确地表达漏洞知识信息；然而二者之间也存在差异，NG _ MDERANK 在融入漏洞知识关键词位置信息的基础上，还融入了漏洞知识关键词的语义信息，该语义信息采用分布式向量表示，通过文本嵌入的方式产生，在文本语境和关键词语义层面表达知识信息，让参与计算的信息维度更加完整，这使得 NG _ MDERANK 算法的性能更优异。

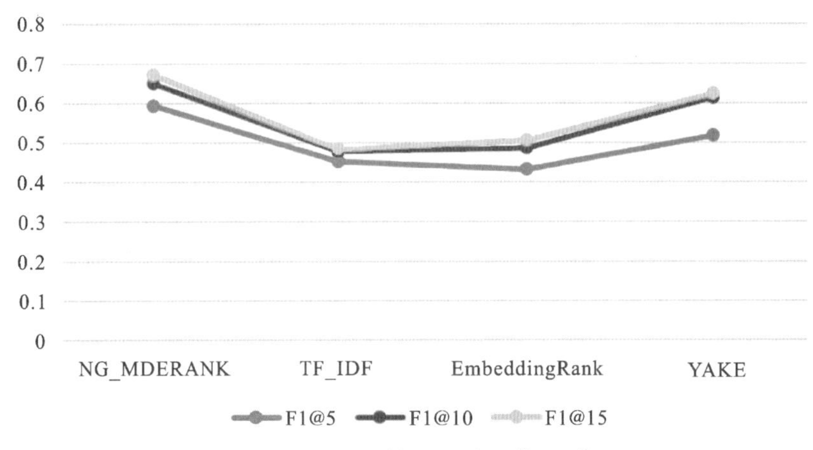

图 4 - 23　不同算法相同 K 值 F1 值

通过如图 4 - 24 所示的柱状图更直观地发现在 K 取不同值时，同一算法 K 值越大模型性能表现越好；从 $K=5$ 到 $K=10$ 模型整体性能提升大于从 $K=10$ 到 $K=15$ 的性能提升幅度，表明 K 取 10 是一个比较合适的评价方法，若 K 继续增大，模型性能提升幅度不明显，综合考虑计算成本等因素，在本实验的性能评价中，主要参考 K 取 10 的实验数据，且此时 NG _ MDERANK 的 F1@10 得分依然是几类模型中最优的。以上说明本研究方法适用于对漏洞缺陷报告这类短文本进行知识抽取。

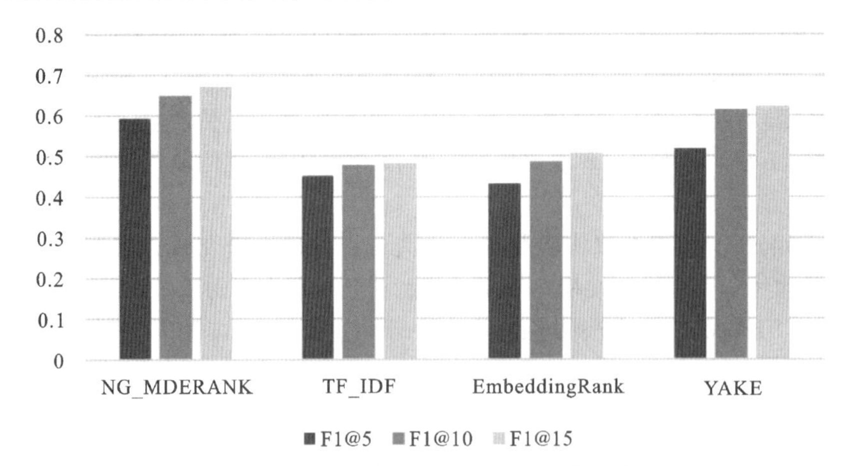

图 4 - 24　相同算法不同 K 值 F1 值比较

4. *N* 元语言模型 *N* 取值对模型性能的影响

N - gram 语言模型中 N 的取值对模型性能存在一定影响，N 表示漏洞知识中组成候选关键词的词元数量，N 越大，则候选关键词具有更多的词元数，相应地具有更长的单词长度；采用 N - gram 语言模型抽取候选关键词是 NG _ MDERANK 算法中重要的一步，所以需要对 N 的取值进行实验评价。

表 4 - 8　不同 N 值 recall 实验数据

指标	$N=1$	$N=2$	$N=3$	$N>3$
recall	0.458	0.605	0.413	0.24

我们需要知道模型对数据样本中需要抽取的候选关键词识别的准确率，即实际为正的样本被准确预测为正样本的可能性大小，我们选用召回率作为该维度的评价参考指标。通过表 4 - 8 的数据分析发现，从 $N=1$ 到 $N=2$，召回率具有明显提升，表明模型性能在提高，而当 N 超过 2 以后，召回率随着 N 值增大具有下降的趋势，说明此时模型性能在不断降低。因此对不同 N 值算法抽取漏洞知识召回率对比分析，发现 $N=2$ 时模型具有最佳性能，当 $N=1$ 时略低，如图 4 - 25 所示。

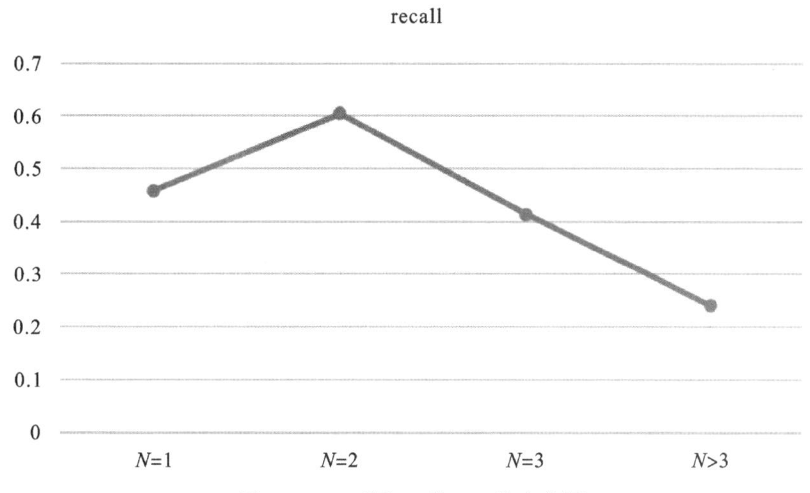

图 4 - 25　不同 N 值 recall 变化图

对漏洞文本进行分析发现，漏洞特征关键词多由 1 个词元或者 2 个词元组成，词元数量大于 2 的漏洞特征关键词较少，这与上述实验数据得出的结论一致。基于以上分析，N - gram 语言模型中 N 值取 1 和 2 最佳，可以抽取一元候选关键词和二元候选关键词作为漏洞特征知识。

5. 词嵌入与文本嵌入方法对性能的影响

EmbedRank 算法通过计算词或者词组与文本的相似度抽取关键词，该方法只考虑了单个关键词的语义影响，忽略了词与上下文的关联信息；本研究的方法 NG _ MDERANK 模型采用掩码文本与漏洞文本相似度的算法进行知识抽取，既考虑了关键词本身的信息影响，同时融入了上下文本信息，丰富了关键词的信息维度，可以从更全面的维度计算漏洞知识特征，从而提高性能。

如表 4 - 9 所示，通过分析比较 EmbedRank 和 NG _ MDERANK 两种算法的 F1 值，我们可以发现在不同 K 值条件下，NG _ MDERANK 的综合性能均优于 EmbedRank。

表 4-9 词嵌入与文本嵌入性能实验数据

算法模型	F1@5	F1@10	F1@15
EmbedRank	0.432	0.486	0.506
NG _ MDERANK	0.594	0.650	0.672

EmbedRank 算法主要通过比较漏洞知识词组语义信息和漏洞文本信息来抽取关键知识，其主要是将词组单独进行语义嵌入，生成分布式语义向量，这种方式的主要缺点是忽略了词组所在文本的上文语境关联信息，使得词向量的表示独立于文本整体信息；且这种计算方式会随着 N 元语言模型中 N 值的增大产生更大的信息失真，即该模型总是偏向于选择具有更多词元数的词组作为关键知识，这种方式有时并不符合语言语法要求。

相较于 EmbedRank 算法，本研究的 NG _ MDERANK 算法其主要优点是抽取关键词不仅结合了文本上下文关联语境，还将 EmbedRank 算法中词组与文本语义相比较的计算方式转变为计算掩码文本与漏洞原文本语义信息的方法，因此避免了 EmbedRank 算法中词组长度信息的干扰，提高了算法抽取漏洞知识的性能。NG _ MDERANK 主要实现方法是利用 N 元语言模型生成的候选关键词生成相应的候选关键词掩码文本，通过计算该掩码文本与原文本的信息相似度，即可知道遮掩该候选关键词产生的信息损失大小，掩码文本与原文本相似度越小意味着遮掩该候选关键词产生了更大的信息损失，相应地该候选关键词就是我们最终需要抽取的漏洞关键知识。

NG _ MDERANK 与 EmbedRank 算法在本研究中均使用预训练 BERT 生成语义向量，二者的差异主要是 EmbedRank 算法使用词嵌入而 NG _ MDERANK 算法采用文本嵌入，通过图 4-26 观察对比可知，在其他条件相同的情况下，采用基于掩码的文本嵌入与原文档的相似度比较往往具有更好的性能，即 NG _ MDERANK 算法性能表现更好。

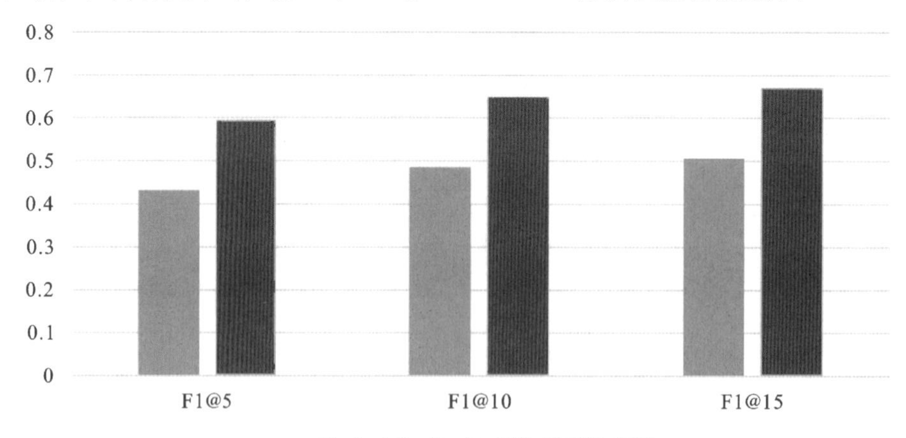

图 4-26 NG _ MDERANK 与 EmbedRank 算法性能对比

综合以上实验分析，本研究方法 NG _ MDERANK 在准确度、精确度、召回率以及 F1 综合性能等评价指标上均优于其余算法，该算法通过创新性地结合 N 元语言模型与掩码文本相似度计算的方法，既综合吸取了其余模型算法中的部分优点，又成功克服了其余模型中存在的缺点，因此具有更优的综合性能。

通过实验数据对比分析，采用不同评价指标从各维度分析算法的性能差异，从算法抽取漏洞知识的综合性能、不同 K 值以及不同 N 值的性能、词嵌入与文本嵌入的性能比较等方面进行比较分析，验证了 NG _ MDERANK 算法对于抽取漏洞知识的有效性以及良好性能。

» 第 5 章

软件安全漏洞领域知识图谱设计与实现

5.1　领域知识图谱构建框架设计

知识图谱可以应用于各个领域，为了在领域内的特定场景下解决领域特有的问题就是领域知识图谱构建的目的，因此对领域知识图谱的研究有很重要的意义。每个领域都需要对其构建本领域的知识图谱。近年来，由于金融、医疗等领域的特殊需求，领域知识图谱的构建研究往往集中在这几个领域，并取得了一定成果，这样导致的问题是领域知识图谱的研究过于集中。领域知识图谱不同于通用知识图谱，不同领域之间的内容相差很大，构建方法也不能相互借鉴，而且领域知识图谱构建涉及的知识深度、粒度等也不尽相同。因此，构建领域知识图谱需要从零开始。而实际情况下，很多领域知识图谱的构建确实也需要从零开始，并且缺乏领域内相似的知识图谱的可借鉴性和可复用性，软件安全领域关于安全漏洞的知识图谱构建就属于领域内知识图谱的构建，也需要从零开始构建。软件安全漏洞的研究对软件安全至关重要，随着计算机技术的发展，安全漏洞研究一直是人们研究的重点。因此，构建软件安全领域内关于安全漏洞的通用知识图谱对研究软件安全漏洞有很大的意义。

本研究基于以上情况，提出构建软件安全漏洞通用知识图谱，并基于此进一步设计关于软件安全漏洞通用知识图谱构建框架，为以后软件安全领域内构建安全漏洞知识图谱提供思路。本研究提出基于三层架构模型的软件安全漏洞领域通用知识图谱构建框架，将构建安全漏洞知识图谱的流程总结为六个基本步骤：数据获取、领域短语抽取、本体构建、信息抽取、数据存储、可视化及检索，并对其中的每个步骤进行了详细设计。

5.1.1　三层架构模型

漏洞的研究对软件安全至关重要，漏洞特征的研究是软件安全领域研究的重要组成部分。现有的深度学习模型依赖于大量的有标记的漏洞样本，有标记的漏洞样本在实际开发过程中很难获取，人工标记会造成大量资源浪费且正确性有待考究。知识图谱是一种语义网络，旨在描绘客观世界实体和实体之间的关系，是人工智能重要的研究领域。与通用知识图谱相比，领域知识图谱构建涉及的知识深度更深、粒度更细。知识图谱通常是由节点和边构成的，节点表示的是实体。在软件安全领域中，节点可以是具体的漏洞名称，如经典的释放后使用（use after free）漏洞、缓冲区溢出漏洞等，或者更为抽象的如函数、类、变量等，边表示的实体间关系，如漏洞之间的关系，漏洞类型之间的关系等。

本研究面向软件安全领域，构建漏洞知识图谱，使用的数据是软件安全领域重要的关于漏洞的数据库：常见弱点枚举（CWE）和常见漏洞暴露（CVE）。CWE（Common Weakness Enumeration）是一个由社区开发的常见软件弱点模式的列表，每一个都是软件中的一类错误或缺陷。如 CWE－416，具体如表 5－1 所示。

表 5－1　CWE－416 数据

CWE－ID	416
CWE name	Use After Free
Abstraction	Variant

续表

CWE－ID	416
Description	Referencing memory after it has been freed can cause a program to crash, use unexpected values, or execute code.
Extended Description	The use of previously－freed memory can have any number of adverse consequences, ranging from the corruption of valid data to the execution of arbitrary code, depending on the instantiation and timing of the flaw. The simplest way data corruption may occur involves the system's reuse of the freed memory. Use－after－free errors have two common and sometimes overlapping causes: • Error conditions and other exceptional circumstances. • Confusion over which part of the program is responsible for freeing the memory. In this scenario, the memory in question is allocated to another pointer validly at some point after it has been freed. The original pointer to the freed memory is used again and points to somewhere within the new allocation. As the data is changed, it corrupts the validly used memory; this induces undefined behavior in the process. If the newly allocated data happens to hold a class, in C＋＋ for example, various function pointers may be scattered within the heap data. If one of these function pointers is overwritten with an address to valid shellcode, execution of arbitrary code can be achieved.
Relationships	ChildOf 825; PeerOf 415; CanFollow 364; CanFollow 1265; CanPrecede120; CanPrecede 123
	……

在线安全漏洞数据库CVE记录、收集到漏洞的所有相关特征，包括CWE－ID、漏洞类别、发布时间等，以半结构化和非结构化文本格式积累了对历史安全漏洞相关问题的跟踪。如CVE－2017－0146（内存溢出漏洞），具体如表5－2所示。

表5－2　CVE－2017－0146数据

CVE	CVE－2021－21972
name	CVE－2021－21972
CWE－ID	CWE－23
Description	The vSphere Client（HTML5）containsa remote code execution vulnerability in a vCenter Server plugin. A malicious actor with network access to port 443 may exploit this issue to execute commands with unrestricted privileges on the underlying operating system that hosts vCenter Server. This affects VMware vCenter Server（7. x before 7. 0 U1c, 6. 7 before 6. 7 U3l and 6. 5 before 6. 5 U3n）and VMware Cloud Foundation（4. x before 4. 2 and 3. x before 3. 10. 1. 2）.
	……

为解决当前漏洞数据利用率低、漏洞语义信息不够丰富、分析手段欠缺等问题，本研究提出基于三层架构模型的软件安全漏洞领域知识图谱构建框架。结合 CWE 和 CVE 数据特点，三层架构模型表现如下。

（1）第一层：刻画 CWE 和 CWE 之间关系，CWE 和 CWE 之间有“ChildOf”“ParentOf”“PeerOf”“CanFollow”“CanPrecede”“CanAlsoBe”“Requires”“StartsWith”等关系，这为软件安全漏洞知识图谱的第一层，如图 5 - 1 所示。

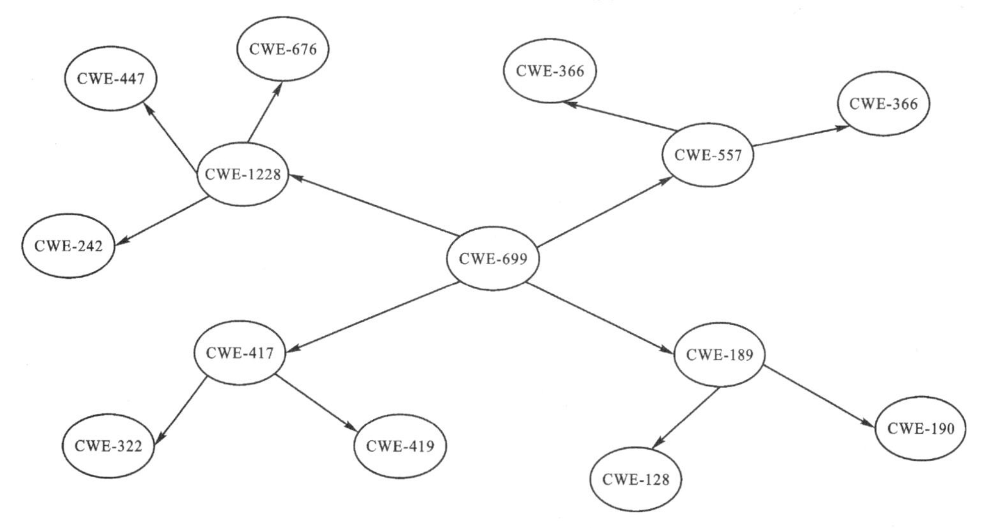

图 5 - 1　三层架构模型（第一层）

（2）第二层：刻画 CVE 和 CWE 之间有从属关系，一般情况下，每个 CVE 都对应属于一个 CWE，每条 CVE 数据都会被分配一个 CWE - ID 号，用于表识这个 CVE 所属的 CWE，定义CVE和CWE之间有从属关系为“BelongTo”，如CVE-2021-21972的CWE-ID为23，即 CVE - 2021 - 21972 “BelongTo” CWE - 23，如图 5 - 2 所示。

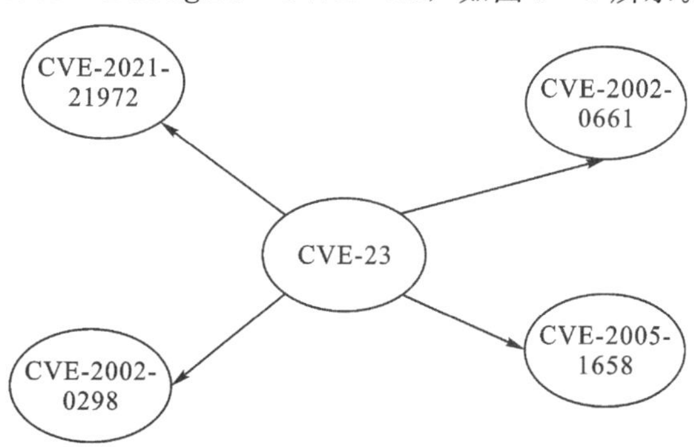

图 5 - 2　三层架构模型（第二层）

（3）第三层：有两种情况，一种为 CWE 数据抽取实体之间关系，另一种为 CVE 数据抽取实体之间关系。根据 CWE 和 CVE 数据特点，构建软件安全漏洞领域知识图谱，选取 CWE 数据的“name”“Description”“Extended Description”和 CVE 数据的“Description”作为抽取信息文本。从这些文本数据中抽取实体和关系，组成（实体，关系，实体）和（实体，属性，值）三元组，结合 CWE 和 CWE 之间以及 CVE 和 CWE 之间关系，共同构建软件安全漏洞领域知识图谱。

本研究面向软件安全领域，使用领域内重要数据：常见弱点枚举（CWE）和常见漏洞暴露（CVE），基于上述三层架构模型，即第一层刻画CWE和CWE之间关系、第二层刻画CVE和CWE之间有从属关系、第三层抽取CWE数据和CVE数据实体和实体间关系，共同组成（实体，关系，实体）和（实体，属性，值）三元组，作为构建软件安全漏洞知识图谱的基础数据。

5.1.2 具体构建步骤

本研究面向软件安全领域，将构建安全漏洞知识图谱的流程总结为六个基本步骤。

（1）数据获取：结合构建领域，从庞大海量的互联网数据中获取领域的信息，例如可以通过继承领域数据库的方法来获取结构化数据；从百科网站，如百度百科或者维基百科等对应的词条中获取领域半结构化和非结构化数据；从相关专业的领域网站获取数非结构化信息等。由于软件安全漏洞领域数据库提供结构化数据，因此本研究面向软件安全领域，采用领域内知识CWE和CVE数据作为知识抽取对象。CWE是常见缺陷列表，CVE是公共信息安全漏洞库，它们包含了丰富的漏洞语义信息知识，提供精确基础的非结构化数据，对漏洞的研究极其重要。

（2）领域短语抽取：对一个领域的研究从认识和学习领域短语出发。领域短语抽取是从领域数据中挖掘出该领域的短语。在获取领域的语料后，需要对语料进行数据抽取，获取领域短语，进而开始对领域进行研究。此任务是输入领域语料，输出该领域的短语。本研究面向软件安全领域，对CWE和CVE数据进行安全漏洞领域短语挖掘。

（3）本体构建：构建领域知识图谱首先需要定义领域的本体，即对本体进行描述。“本体”一词是源自哲学中关于形而上学的分支，讨论的是现实和存在的本质，后来引申到计算机领域，TBerners-Lee等[111] 认为“本体定义了组成主题领域的词汇表的基本术语及其关系，以及结合这些术语和关系来定义词汇表外延的规则”，可以理解为该领域在语义层次上的知识描述。领域本体构建的过程是定义该领域的实体和关系的类型，目的是描述该领域的知识结构。在构建本体的过程中就需要考量建立该知识图谱的需求，根据实际的需求来决定其广度、深度、粒度。不同需求的领域知识图谱在这三个维度上应该有不同的体现。

（4）信息抽取：构建领域知识图谱最关键的步骤是信息抽取。信息抽取包括实体抽取和关系抽取。具体步骤为，根据本体的定义，结合领域应用场景，从结构化、半结构化和非结构化的数据中的抽取实体和关系，然后将实体和关系组成（实体，关系，实体）三元组。

（5）数据存储：将抽取的（实体，关系，实体）三元组等数据根据需要进行存储。知识图谱的存储方式可以分为基于RDF的存储和基于图的存储。基于资源描述框架（RDF）的存储是以三元组（s，p，o）的方式来存储数据，并使用唯一的URI来标识资源。在选取存储方式时，需要根据领域应用场景和知识图谱的大小来进行综合考虑。

（6）可视化及检索：知识图谱构建完成后，与领域内数据最大的优点是数据的可视化，可以直观地看到数据本身、数据与数据间的关系、层次结构等。此外，知识图谱构建完成后还可以用于自动问答系统、机器翻译、推荐系统、搜索引擎等多个领域，而知识图谱最本质和最简单的应用就是检索。

1. 数据获取

数据的获取方式多种多样，结合构建知识图谱的领域，可以从庞大海量的互联网数据中获取领域的信息。在自然语言处理（NLP）中，将文本分为结构化文本、半结构化文本和非结构化文本。同样地，任何领域内的数据或语料都可以分为这三种类型。

（1）结构化文本的获取：结构化文本一般是存储在各种领域数据库中或学术资料中。相比于非结构化文本和半结构化文本而言获取简单，但是与通用数据库相比，领域内的数据库比较稀缺。

（2）半结构化文本的获取：这部分数据的获取可以从互联网网站、百科网站上获取，例如百度百科等，如图 5－3 所示。在百科网站的网页上有着大量的 infobox，这些 infobox 数据便组成了半结构化的文本，当我们从百科网站上搜索领域相关的内容时，我们便可以得到与该领域相关的半结构化文本，我们使用 Scrapy 框架进行爬虫，从百科网站上爬取所需数据。

图 5－3　知识图谱 infobox

（3）非结构化文本的获取：这部分数据是最容易获取的，可以从领域的专业网站、学习论坛、相关的新闻网站等处获取。静态网页可以直接使用 Scrapy 框架进行爬虫，动态网页可以使用 Selenium 方法进行爬虫。互联网上关于领域内的数据是庞杂而海量的，当我们需要获取大量的相关领域数据时，从互联网上直接爬取数据是一个很好的解决方案。这部分数据最多，最易获取。

2. 领域短语抽取

对一个领域的研究从认识和学习领域短语出发。领域短语抽取就是从领域数据中挖掘出该领域的短语。在获取领域的语料后，需要对语料进行数据抽取，获取领域短语，进而开始对领域进行研究。此任务是输入领域语料，输出该领域的短语。本研究面向软件安全领域，对 CWE 和 CVE 数据进行安全漏洞领域短语挖掘。

领域短语抽取也常常被称为领域术语抽取，指的是从给定领域的语料中抽取该领域的高质量短语的过程。一方面，对任何一个领域而言，针对领域内短语的学习都是快速了解这个领域的好方法；另一方面，领域短语中包含了关于该领域的丰富的语意信息，可以很好地用于领域知识图谱构建的后续工作。当我们获取了领域数据之后，就可以对该领域的语料进行领域短语抽取。领域短语抽取方法可以分为无监督抽取和有监督抽取两类。有监督抽取需要领域专家的参与，耗费大量的人力、物力来对数据进行人工标记。此外，因为缺少本领域的标注数据，在初次建立领域内知识图谱时大多采用无监督的抽取方法进行领域短语抽取。无监督抽取方法进行领域短语抽取时步骤如下，如图 5－4 所示。

（1）候选短语生成：初步生成那些可能是领域短语的高频短语作为候选短语，一般使用

N - Gram 方法生成候选短语。对 N - Gram 方法需要设定 N 的大小，一般情况下的 N 的取值和领域语料有关系。根据经验，N 的取值一般为 [1，6]。

(2) 候选短语表征计算：计算每一个候选短语的表征，常见方法有，基于统计特征的计算 TF（频率）、TF - IDF（频率－逆文档频率）、PMI（点互信息）、左领字熵和右领字熵等和基于文本相似度的有计算文本表征与候选词表征之间的相似度等。

(3) 质量评分：对计算出候选短语表征进行评分，该分数用来评估候选短语的质量。

(4) 领域短语生成：将候选短语按照质量评分的高低排序，依次输出。评分越高排序越靠前的候选短语就越有可能是该领域的领域短语。

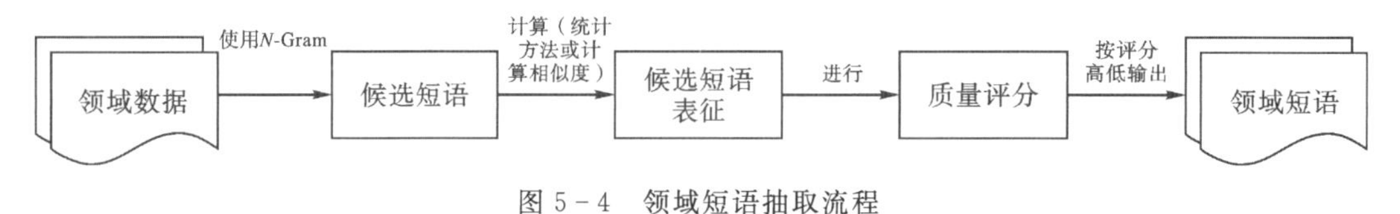

图 5 - 4　领域短语抽取流程

3. 本体构建

本体论起源于哲学领域，是一门探究万物本原的学问，关注的是世界本质上的“存在”，对任何的真实“存在”作出客观的描述。人们在进行知识工程研究时，将哲学中的本体概念引申到计算机领域，成为用来描述信息系统中的对象、属性、关系、事件的一种“逻辑理论”。

构建领域知识图谱时首先需要定义的就是领域本体，即对本体进行建模描述，然后再通过知识抽取、实体对齐、数据存储等过程构建领域知识图谱。在知识图谱中，本体是一种能在语义和知识层次上描述信息系统的概念模型建模工具，已经广泛应用于知识工程、系统建模、数字图书馆等领域。领域本体则是专门用来描述特定领域的知识的一种本体，需要对领域内的所有实体和关系类型进行定义。

领域知识图谱中的本体主要包含以下内容。

(1) 概念/类：领域内一类事物的集合或统称，一个类包含许多个具体的实例，例如“国家”是一个类，“中国”是该类下的一个实例。

(2) 实体：“概念/类”下的一个实例。

(3) 关系：描述“类”“实体”之间的关系，“类”与“类”之间可以用“关系”连接，“类”下的实体之间也可以用相同的“关系”连接。

(4) 属性：描述“类”和“实体”的具有的属性或特性，例如，“面积”就是“中国”这一“实体”的一个属性。

(5) 值：描述“属性”的数值类型或具体取值。

目前，本体已经被广泛应用于多个领域，包括知识工程、数据库等。相关的学者和研究机构也提出了许多针对本体设计和构建的方法，如由斯坦福大学医学院提出的构建本体七步法：

(1) 确定本体的专业领域和范畴；

(2) 考查复用现有本体的可能性；

(3) 列出本体中的重要术语；

(4) 定义类和类的等级体系；

（5）定义类的属性；

（6）定义类属性的分面；

（7）创建实例。

目前，关于本体设计和构建的一般原则如下

（1）明确性和客观性：本体应该用自然语言对所定义术语给出明确的、客观的语义定义。

（2）完全性：定义完整，能完全表达所描述术语的含义。

（3）一致性：术语得出的推论与术语本身含义是相容的，不会产生矛盾。

（4）最大单调可扩展性：向本体中添加通用或专用术语时，不需要修改其已有内容。

（5）最小承诺：对待建模对象给出尽可能少的约束。

（6）最小编码偏差：本体的建立应尽可能独立于具体编码语言。

（7）同时也要保证，兄弟概念间的语义差别应该尽可能小、使用多样的概念层次结构实现多继承机制、尽可能使用标准化的术语名称等。

除了本体设计和构建的方法和原则，还应有本体设计和构建的工程思想，如 IDEF-5 方法、Skeletal Methodolody 方法、循环获取法等。这些方法本质上都是在寻求如何更加流程化、通用化、高效率地去设计和构建本体。

领域知识图谱不同于通用知识图谱，像斯坦福大学提出的构建本体七步法适用于通用知识图谱的构建，而领域本体的设计和构建专业性较强，往往需要领域专家的参与，这样往往需要大量的人力、物力及时间。同时，人工的加入也会增加了构建领域知识图谱的不稳定性，精准度与领域专家的专业度相关联，这无疑会加大领域知识图谱的构建难度。本研究针对这样的情况，设计领域短语自动抽取方法构建领域本体，进而构建领域知识图谱。

4. 信息抽取

信息抽取是构建知识图谱最为关键的环节，包含实体抽取和关系抽取，其中实体抽取也被称为命名实体识别（Named Entity Recognition，NER）。传统的 NER 任务是从选定数据源中识别出实体，主要有人名、地点、组织、位置、时间等。基于领域内的命名实体识别则是根据具体领域中的具体任务，预定义实体及实体类别，基于软件安全漏洞领域的知识图谱就是如此。命名实体识别的主要目的是抽取数据中的构建知识图谱所需节点。实体抽取是知识抽取的关键，高质量的实体抽取能够提供良好的数据基础。实体识别的准确率和精确率直接影响构建的知识图谱的质量。本研究面向软件安全领域，构建漏洞知识图谱，采用领域短语抽取方法，将最终从领域语料中抽取的领域短语经过融合生成知识图谱的实体。

关系抽取（Relation Extraction，RE）作为信息抽取的子任务，也是知识图谱构建中的关键任务。通常将实体与实体间的关系定义为形式化三元〈头实体，关系，尾实体〉。关系抽取就是通过抽取实体之间的关系，将数据表示为结构化的知识，以三元组的形式进行存储，用于构建知识图谱。目前关系抽取方法包含基于规则模板的关系抽取方法、有监督实体关系抽取方法、半监督实体关系抽取方法、无监督实体关系抽取方法。有监督关系抽取方法目前的主流方案是采用序列化标注的方案，需要领域专家的参与和大量的标注数据，耗费极大的人力物力。而半监督和无监督的方案则在抽取效果上远不如有监督方案，往往不能达到实际的使用需求。在实际构建领域知识图谱时，根据不同的领域与不同的应用场景选择不同的抽取方法。本研究面向软件安全领域，针对构建知识图谱的关系抽取提出了按实体类型确定实体关系方法。

5. 数据存储

Neo4j 是一个高性能的、非关系型图形数据库（Not Only SQL，NoSQL），与其他普通数据库相比，它将结构化数据存储在网络上，而不是表中，其可扩展性强。相对于关系数据库，图数据库善于处理大量复杂、互连接、低结构化的数据，这些数据变化迅速，需要频繁地查询——在关系数据库中，这些查询会导致大量的表连接，因此会产生性能上的问题。Neo4j 重点解决了拥有大量连接的传统 RDBMS 在查询时出现的性能衰退问题。通过围绕图进行数据建模，Neo4j 会以相同的速度遍历节点与边，其遍历速度与构成图的数据量没有任何关系。此外，Neo4j 还提供了非常快的图算法、推荐系统和 OLAP 风格的分析，而这一切在目前的 RDBMS 系统中都是无法实现的。由于查询效率高、稳定性强、接口丰富且容易扩展等功能，Neo4j 图数据库被广泛用于知识图谱的可视化存储。本研究选取了 Neo4j 图数据库来存储领域知识图谱，Neo4j 有多种方法实现数据的存储，如

（1）通过 Cypher 的 create 语句，比如“create（n：Label）”；

（2）Cypher 中的 load csv 方式；

（3）Neo4j 官方提供的 neo4j - import 工具；

（4）Neo4j 官方提供的 Java API Batch Inserter 工具；

（5）batch - import 工具等。

其中，官方提供的 neo4j - import 和 batch inserter 工具仅支持初始化导入。在导入数据的时候必须脱机，停止 Neo4j 数据库。但由于 neo4j - import 占用资源少导入速度快，而 Batch Inserter 仅支持在 Java 环境中使用，因此在初次导入数据时，宜选用 neo4j - import 方式，以达到高效快速批量导入数据的目的。在后续进行增量更新时，使用 Python 提供的 py2neo 库对数据进一步进行存储。

6. 可视化与检索

知识图谱最大的特点就是可视化，在使用 Neo4j 等图数据库时，可以很直观地观察到数据，以及数据与数据间的关系。知识图谱最本质和最核心的应用是检索。领域知识图谱构建完后，将其存储在图数据库中，可直接使用数据库本身的语言进行查询操作，如 Neo4j 数据库的 Cypher 语言查询语句“MATCH（n）return n”等，快速获得查询结构。使用 Cypher 语言查询语句“MATCH（n：CWE {name：′94′}）RETURN n”，查找 CWE 的 name 为 94 的节点，如图 5 - 5 所示。与其他类型数据库相比，查询简单，交互性好。

本节围绕领域知识图谱构建问题展开研究，基于软件安全漏洞领域，提出构建软件安全漏洞通用知识图谱，并在此基础上进一步设计关于软件安全漏洞通用知识图谱构建框架，为以后软件安全领域内构建安全漏洞知识图谱提供思路。本研究提出基于三层架构模型的软件安全漏洞领域通用知识图谱构建框架。将构建安全漏洞知识图谱的流程总结为六个基本步骤：数据获取、领域短语抽取、本体构建、信息抽取、数据存储、可视化及检索。

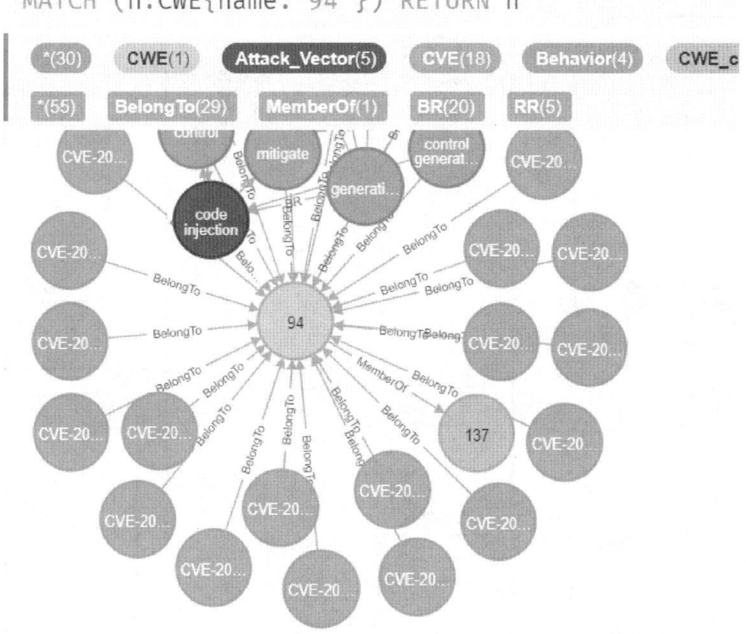

图 5-5　Neo4j 数据库的 Cypher 语言查询

5.2　自动化构建软件安全漏洞知识图谱

领域知识图谱是知识图谱的一个分支，包含了特定领域范围内的知识。通用领域知识图谱虽然涉猎较广，但对于特定领域场景的针对性不佳，缺乏专业性和详细性，直接基于通用知识图谱展开面向专业领域的自然语言处理任务无法达到理想效果。因此，构建面向特定领域的知识图谱是迫切需求。此外，领域知识图谱对领域知识的深度有很高的要求。在知识表示层面，领域知识图谱的广度窄、深度深。在知识获取层面，领域知识图谱的构建过程需要专家参与，自动化程度低、质量要求苛刻。在知识应用层面，领域知识库的推理复杂。领域知识图谱的自动化构建意义且迫切重大。本研究面向软件安全领域，实现从零开始自动构建软件安全漏洞通用知识图谱。

随着科技发展，软件也在不断更新，其功能和结构愈发复杂多变，从而伴生的软件配置漏洞导致的安全问题也日益增多。传统的人工对配置进行核查不仅耗费时间和精力，而且效率低下，无法满足及时高效确保软件配置安全的需求。知识图谱的发展在各个领域初见成效，它具有能处理海量数据、建立知识间关联关系等优势，因此通过构建软件配置漏洞知识图谱来整合存储软件配置漏洞数据，并达到可视化推理分析、关联查询等功能，以实现软件配置漏洞分析更加智能化的目标。

本研究针对漏洞数据利用价值低、漏洞语义不够丰富，分析手段欠缺等问题，提出构建软件安全漏洞知识图谱。从碎片化、海量化漏洞数据中提取关键信息，用于构建漏洞知识图谱，提高了漏洞数据利用价值，且丰富了漏洞语义信息，使用知识图谱，提高了漏洞数据可视化，提高了分析效率，且能挖掘出隐藏的知识，弥补了分析手段的不足。软件安全漏洞知识图谱构建流程如图 5-6 所示。

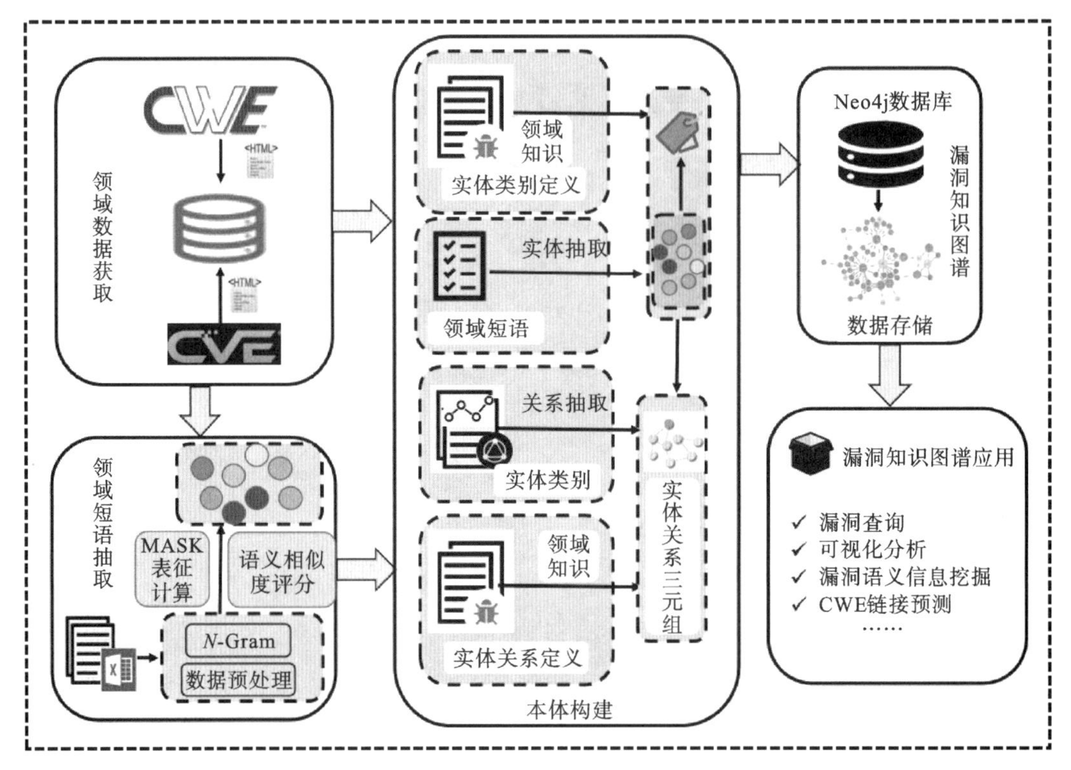

图 5-6 软件安全漏洞知识图谱整体构建流程

5.2.1 漏洞数据获取

漏洞的研究对软件安全至关重要，漏洞特征的研究是软件安全领域研究的重要组成部分。漏洞（Vulnerability）一般是指计算机或软件系统在运行过程中存在某种安全缺陷或问题。随着计算机软件的广泛应用，漏洞不可以避免，广泛存在于信息化社会中。一般的软件漏洞定义为，在信息系统或软件系统的生命周期中，由于操作实体不当，有意或无意而产生的软件缺陷、瑕疵或运行故障等问题，这些问题以不同方式存在于软件不同层次和环节之中，一旦被恶意主体利用，就会对软件系统造成损害，从而影响信息系统或软件的正常运行。软件漏洞贯穿生命周期始终，具有如下特点。

（1）持久性：软件从诞生的那一刻起漏洞便随之产生，在软件不断更新迭代的过程中还会引入新的漏洞，随着软件不断强化，旧的漏洞会逐渐消失，新的漏洞会不断地出现，因此导致软件漏洞的长期存在。

（2）广泛性：软件漏洞广泛存在于软件系统当中，当发现某个软件漏洞时，与该漏洞相关的模块或者信息系统通常情况下都会受到影响。

（3）隐蔽性：通常情况下，对于不具备明确特征的漏洞而言，软件漏洞需经过专业的漏洞检测工具，对漏洞进行分析、挖掘才能被发现，因此软件漏洞的隐蔽性较强。

（4）可利用性：软件漏洞一旦被攻击者利用就会造成难以估量的损失。

软件安全对当代社会至关重要，常见的软件弱点，如输入验证不当、整数溢出，会直接或间接损害系统安全，造成拒绝服务、执行未授权代码等不利影响。研究人员投入了大量精力来记录软件的弱点、漏洞和攻击等，例如常见弱点枚举（CWE）和常见漏洞暴露（CVE）等是重要的软件安全领域关于漏洞的数据库。

数据的采集是构建漏洞知识图谱的第一步，本书主要面向的是CWE和CVE漏洞数据库，这些信息通常以非结构化的文本形式存在，且当前的数据表示存储在在线文档中，不支持关于软件安全漏洞的研究任务。针对CWE和CVE数据的特点，考虑到数据信息量，故对于数据的采集主要以网络爬虫为主。

5.2.2　漏洞领域短语抽取

1. 数据预处理

领域数据获取完成后，需要对数据进行预处理。通过爬虫等方式获取的数据存在冗余、繁杂、无序，无层次逻辑关系等问题，不便于漏洞知识图谱的构建，故需要对获取的数据进行预处理。预处理的具体过程如下。

(1) 数据清洗。对于个别漏洞数据，通过网络爬虫获取得到信息相关性较小，无用信息也被下载。对于这一部分信息可以通过优化爬虫代码，也可以通过手工方式进行人工筛选剔除。经处理后的漏洞数据以特殊格式保存在本地文件中，如.json、.csv、.txt等。

(2) 分词。经过数据清洗后的领域数据/文本，下一步就是进行分词。将整段/整行的文本划分为一个个的token。在中文中一般是按字符（方块字）划分或者按词划分，中文按词划分时需要自行进行分词，因为中文的表达习惯中词语之间没有天然的空格间隔。一般可以使用jieba等中文分词工具。在英文中，最简单的划分token的单位有按词、字符的，本研究采用的就是按词/按字符划分。一般步骤为

①删除特殊字符：本研究面向软件安全领域构建漏洞知识图谱，漏洞数据含有许多特殊字符，如“\”“&”“../”等，将这些特殊字符删除。

②删除空格：将文本前后的空格删除。

③大小写字母转换：并将所有大写字母转换为小写字母。

④分词：按词划分token完成后。划分完的每一句话就表示成了一堆词语组成的列表。

(3) 词性标注。词性标注（Part-Of-Speech tagging，POS tagging），也被称为语法标注（grammatical tagging）或词类消疑（word-category disambiguation），是语料库语言学(corpus linguistics)中将语料库内单词的词性按其含义和上下文内容进行标记的文本数据处理技术。在语言学上，词性指的是单词的语法分类，也称为词类。同一个类别的词语具有相似的语法性质，所有词性的集合称为词性标注集。不同的语料库采用了不同的词性标注集，一般都含有形容词、动词、名词等常见词性。一般步骤为

①去除停用词：经过分词后的文本中还含有许多冠词和介词等信息含量低的单词，经过去除停用词处理后，删除了文本中的冠词、介词等。

②词性标注：使用自然语言处理工具对文本单词进行词性标注，如NLTK、SpaCy、StanfordCoreNLP等，给定文本中判定每个词的语法范畴，确定其词性并加以标注。

③词形还原：将文本中的名词、动词、形容词等进行词形还原。进行词形还原可以确保后续工作，如生成词向量的准确性，提高文本特种提取的准确率。

(4) 文本特征提取。在自然语言处理中，要将文本数据转为计算机可以理解的一种数据，才能通过模型不断地学习、训练。特征提取作为文本分类中的关键技术，特征提取的质量直接影响到文本分类的效果。词向量是经过词向量技术对软件安全漏洞训练得到的，以其作为模型的输入有利于提高模型训练的性能。词向量将待标注序列的每个词进行嵌入处理，并将其转为向量，然后采用数学表达式获取词的语法和语义相关特征，以便后续实体识别。

2. 领域短语生成

本研究面向软件安全领域，对 CWE 和 CVE 数据进行安全漏洞领域短语挖掘。领域短语抽取是从领域数据中挖掘出该领域的短语。在获取领域的语料后，需要对语料进行数据抽取，获取领域短语，进而开始对领域进行研究。此任务是输入领域语料，输出该领域的短语。

本研究使用无监督抽取方法进行领域短语抽取，步骤如下。

(1) 候选短语生成。将处理过后的 CWE 和 CVE 文本使用 N - Gram 方法生成候选短语。对 N - Gram 方法需要设定 N 的大小，一般情况下的 N 的取值和领域语料有关系。这里 N 的取值一般为 2，即使用 2 - Gram，进行 N (N =1，2) 元候选短语抽取。对漏洞文本进行分词，每条文本分别生成 N =1 的词组集合 $W_1=\{w_1, w_2, w_3, w_4, \cdots, w_n\}$ 和 N =2 的词组集合 $W_2=\{w_1w_2, w_3w_4, w_4w_5, w_5w_6, \cdots, w_{n-1}w_n\}$ 。

(2) 候选短语表征计算。计算每一个候选短语的表征，本研究采用基于文本余弦相似度方法。对文本与文本的相似度进行建模，将文本中的候选短语 MASK 后，计算与原文本的相似度，计算公式为

$$\text{Similarity}(T_{\text{mask}}, T)=\frac{T_{\text{mask}}\cdot T}{\| T_{\text{mask}}\| \times \| T\|}=\frac{\sum_{i=1}^{n}(T_{\text{mask}\,i}\times T_i)}{\sqrt{\sum_{i=1}^{n}T_{\text{mask}\,i}^2}\times\sqrt{\sum_{i=1}^{n}T_i^2}} \tag{4-1}$$

式中，T_{mask} 为将文本中的候选短语 MASK 后的文本表征；T 为候选短语所属文本。

(3) 质量评分。对计算出的候选短语表征进行评分，该分数用来评估候选短语的质量。获取所有候选短语 MASK 后文本表征与候选短语所属文本表征的相似度分数，按相似度分数进行排序。

(4) 领域短语生成。将候选短语按照质量评分的高低即相似度分数排序，依次输出，取前 top - 6 作为最终的领域短语。

5.2.3 基于三层架构模型的知识图谱构建

领域知识图谱构建的关键步骤就是本体构建和信息抽取。领域本体的设计和构建专业性较强，往往需要领域专家的参与，这样往往需要大量的人力、物力及时间。同时，人工的加入也会增加构建领域知识图谱的不稳定性，精准度与领域专家的专业度相关联，这无疑会加大领域知识图谱的构建难度。针对此情况，我们需设计领域短语自动抽取方法构建领域本体，进而进行信息抽取，构建领域知识图谱。先对 CWE 和 CVE 数据进行安全漏洞本体构建和信息抽取。如图 5 - 7 所示是基于三层架构模型的知识图谱构建过程。

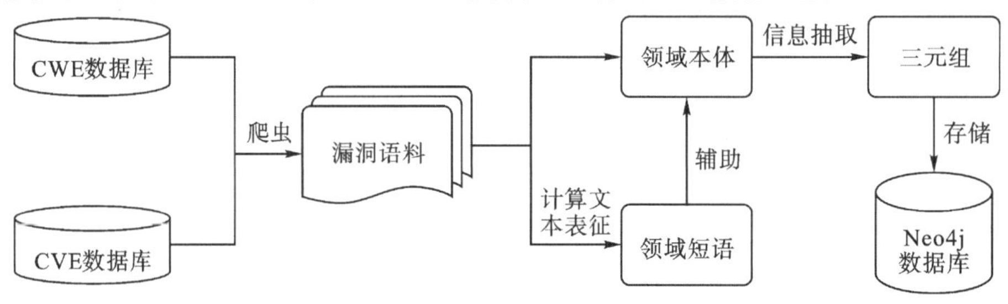

图 5 - 7　基于三层架构模型的知识图谱构建过程

1. 漏洞本体构建

这里基于前面提出的三层架构模型构建软件安全漏洞领域知识图谱。结合 CWE 和 CVE 数据特点，基于三层架构模型的本体构建具体实现如下。

（1）第一层：刻画 CWE 和 CWE 之间的关系。CWE 和 CWE 之间原有的关系为“ChildOf”“ParentOf”“PeerOf”“CanFollow”“CanPrecede”“CanAlsoBe”“Requires”“StartsWith”等关系，由于“ChildOf”和“ParentOf”为一对互逆的关系，如有（CWE-5，“ChildOf”，CWE-319）这对关系，则一定存在（CWE-319，“ParentOf”，CWE-5），因此将所有的“ChildOf”和“ParentOf”重新定义为“ParentChild”。同样地，“CanFollow”和“CanPrecede”也是一对互逆关系，存在（CWE-a，“CanFollow”，CWE-b）这对关系，则一定存在（CWE-b，“CanPrecede”，CWE-a），因此同样将所有的“CanFollow”和“CanPrecede”重新定义为“PrecedeFollow”。本研究中 CWE 数量共计 957 个，最后生成的（CWE 实体，CWE 关系，CWE 实体）三元组数量如表 5-3 所示。

表 5-3　CWE 数据

关系类别	ParentChild	PrecedeFollow	PeerOf	CanAlsoBe	Requires	StartsWith
三元组数量	2278	272	168	54	13	3
合计	2788					

（2）第二层：刻画 CVE 和 CWE 之间的从属关系。由于 CVE 数据量巨大，且存在许多 CVE 未被分配的 CWE-ID。因此，选取 CVE 数据 1300 条，为每条数据分配 CWE-ID 号，以便后续建立关系。根据定义，CVE 和 CWE 之间有从属关系，为“BelongTo”，最终生成（CVE 实体，“BelongTo”，CWE 实体）三元组共计 1300 个。

（3）第三层：有两种情况，一种为 CWE 数据抽取实体之间关系，另一种为 CVE 数据抽取实体之间关系。根据 CWE 和 CVE 数据特点，构建软件安全漏洞领域知识图谱，从这些文本数据中抽取实体和关系，组成（实体，关系，实体）和（实体，属性，值）三元组，结合 CWE 和 CWE 之间以及 CVE 和 CWE 之间关系，共同构建软件安全漏洞领域知识图谱。

2. 漏洞实体抽取

实体抽取是知识抽取的关键，高质量的实体抽取能够提供良好的数据基础。实体识别的准确率和精确率直接影响构建的知识图谱的质量。本研究面向软件安全领域，构建漏洞知识图谱，选取 CWE 数据的“name”“Description”“Extended Description”和 CVE 数据的“Description”作为抽取信息文本，采用领域短语抽取方法，将最终从领域语料文本中抽取的领域短语经过融合，生成知识图谱的实体。我们结合软件安全领域漏洞数据特点，定义了实体类别共计 10 类，如表 5-4 所示。

表 5-4 实体类别

类别	描述	举例
Behavior	对输入输出、参数进行修改等操作类相关实体	modify，sql injection，overwrite，control，overwrite
Property	用于描述对系统预期安全模型很重要的单个资源或行为的安全相关特性描述	user input，neutralize，configuration，special element，pointer
Resource	描述产品操作中访问或被修改的对象或实体	memory or CPU，function，variable，message，File，Log，data
Language	代码语言	SQL，XML，html，crlf
Consequence	产生的后果或者影响类实体	Crash，Modify memory，Bypass important checks
Attack Vector	攻击类实体	Attack，attacker，attacker read
Behavior Qualifiers	缺陷行为的限定描述类关键词	Improper，Incorrect，Missing，Implicit，Insecure，Insufficient，Unexpected，malicious
Protection Mechanisms	有助于产品的安全保障类实体，与授权、验证相关实体	Authentication，Authorization，Permissions，Neutralization，input validation，Privilege
Technology	缺陷相关的技术描述	Client Server，Cloud Computing，Mainframe，Mobile，N-Tier，SOA，Web based
others	其他实体	

3. 漏洞关系抽取

关系抽取作为信息抽取的子任务，也是知识图谱构建中的关键任务。通常将实体与实体间的关系定义为形式化三元〈头实体，关系，尾实体〉。关系抽取就是通过抽取实体之间的关系，将数据表示为结构化的知识，以三元组的形式进行存储，用于构建知识图谱。在实际构建领域知识图谱时，根据不同的领域与不同的应用场景选择不同的抽取方法。本研究面向软件安全领域，选取 CWE 数据的“name”“Description”“Extended Description”和 CVE 数据的“Description”作为抽取信息文本，针对构建知识图谱的关系抽取提出了按实体类型确定实体关系方法。结合软件安全领域漏洞数据特点和实体的类别，定义 7 种实体间关系，如表 5-5 所示。

表 5-5 实体间关系

类别	描述	说明
CR (Causal Relationship)	因果关系	A 导致 B
BR (Behavior Relationship)	行为关系	做了什么事情、有什么行为

续表

类别	描述	说明
RR（Result Relationship）	后果关系	造成什么后果
SR（Similar Relationship）	相似关系	如 recoverable encrypted password 和 plaintext password
CRL（Constraint Limited Relationship）	限制关系	限制约束
IR（Inclusion Relationship）	包含关系	A 包含 B
OT（other）	其他	其他

4. *漏洞数据存储*

图数据库最具有代表性的工具是 Neo4j，其是一种被广泛使用的图数据库。Neo4j 使用数据结构中图的概念对需要存储的数据进行建模，将节点之间通过边关联起来，其中节点代表三元组中的实体，边代表三元组中的关系。节点和边都可以有自己的属性。Neo4j 使用 Cypher 语言进行查询操作，Cypher 语言的交互性强，语法友好，查询效率高，为 Neo4j 提供强大的图查询和搜索能力。同时，Neo4j 还内置了很多图算法，如中心性算法、社区发现算法、路径寻找算法、相似度算法等，可以建模并预测复杂的数据动态特性。另外，Neo4j 支持可视化前端，可扩展到应用系统中使用。

这里选取 Neo4j 图数据库来存储软件安全漏洞知识图谱。将生成的〈实体，关系，实体〉和〈实体，属性，值〉三元组设置为 Neo4j 数据库可接受的格式，这里选用 .csv 格式将数据存储到知识图谱中。最终共生成节点 9357 个，〈实体，关系，实体〉和〈实体，属性，值〉三元组 38843 个。部分节点和关系如图 5－8 所示。

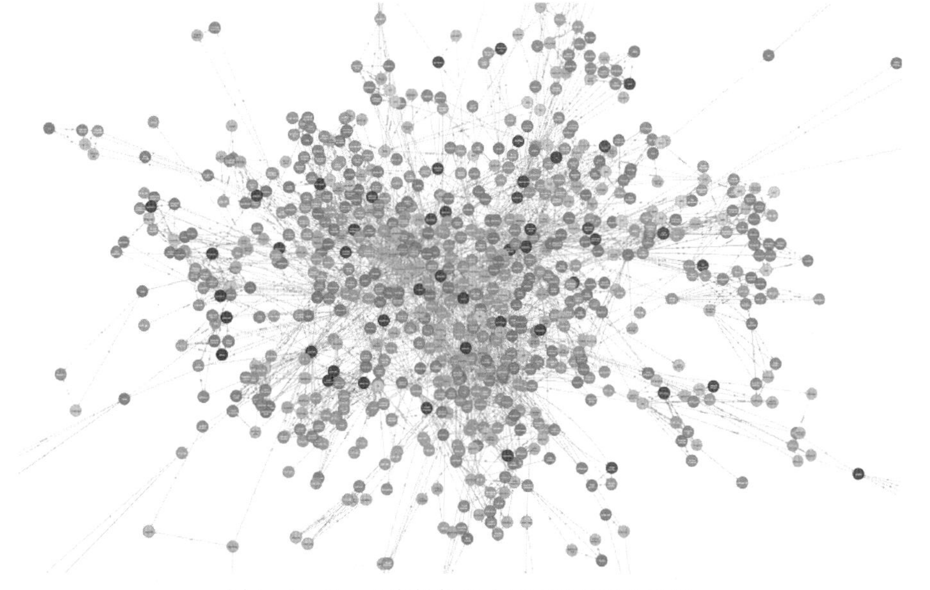

图 5－8　Neo4j 中软件安全漏洞领域知识图谱

5.2.4　知识图谱检索

知识图谱最本质和最核心的应用就是检索。软件安全漏洞领域知识图谱构建完后，将其存储在图数据库 Neo4j 中，可直接使用数据库本身的 Cypher 语言进行查询操作，如图 5－9 所示 是构建软件安全漏洞知识图谱三层架构模型的第一层，刻画的是CWE和CWE之间关系。

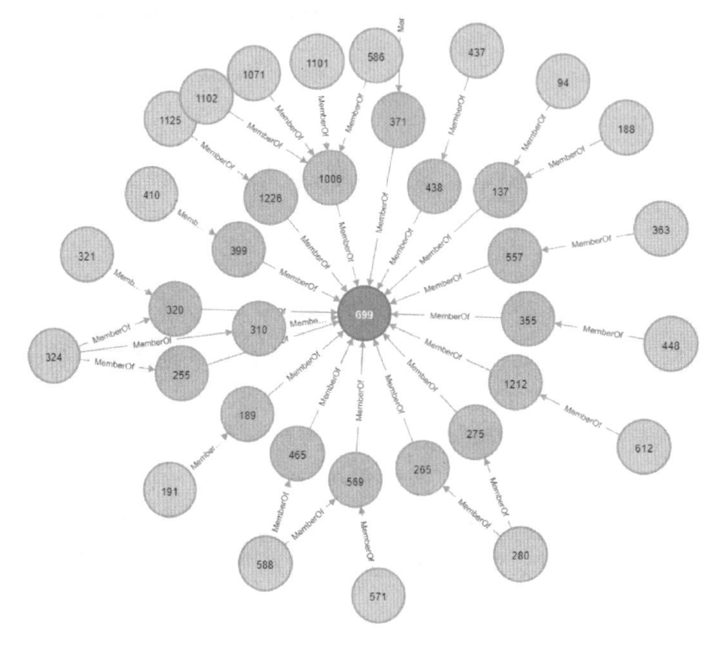

图 5－9　Neo4j 知识图谱中 CWE 和 CWE 之间关系

如图 5－10 所示是构建软件安全漏洞知识图谱三层架构模型的第二层，该层刻画的是 CVE 和 CWE 之间有从属关系，一般情况下，每个 CVE 都对应属于一个 CWE，每条 CVE 数据都会被分配一个 CWE－ID 号，用于标识这个 CVE 所属于的 CWE，定义 CVE 和 CWE 之间有从属关系为“BelongTo”。

图 5－10　Neo4j 知识图谱中 CVE 和 CWE 之间有从属关系

如图 5 - 11 和图 5 - 12 所示是构建软件安全漏洞知识图谱三层架构模型的第三层，该层有两种情况，一种刻画 CWE 数据抽取实体之间关系，另一种是刻画 CVE 数据抽取实体之间关系。

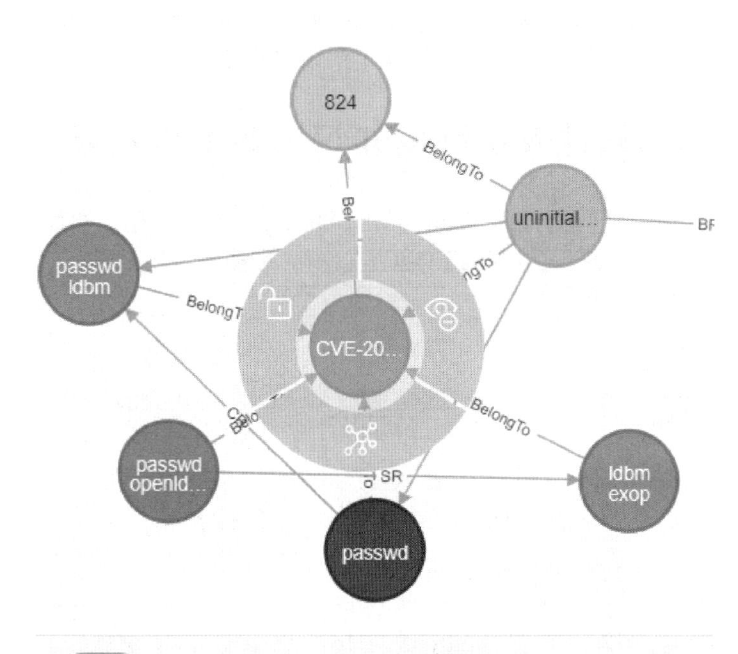

图 5 - 11　Neo4j 知识图谱中 CWE 数据抽取实体之间关系

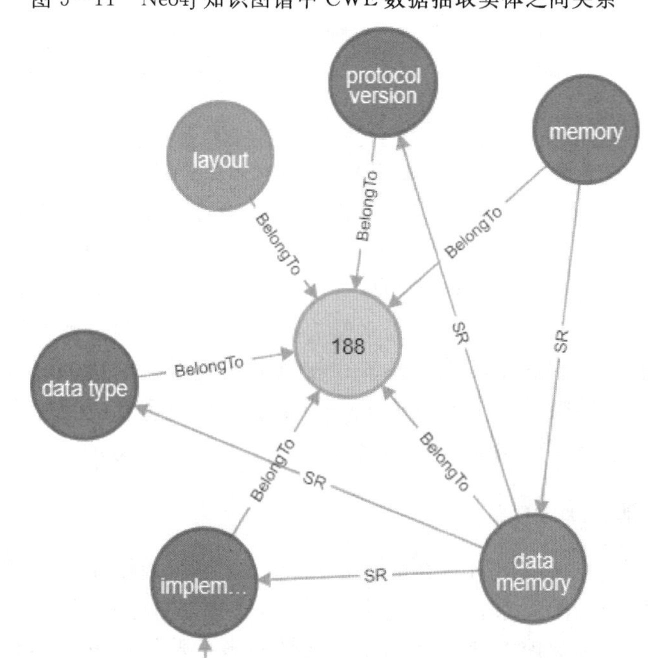

图 5 - 12　Neo4j 知识图谱中 CVE 数据抽取实体之间关系

本章构建了软件安全漏洞知识图谱。本研究面向软件安全领域，使用领域内重要数据：常见弱点枚举（CWE）和常见漏洞暴露（CVE），基于上述三层架构模型，即“第一层刻画

CWE 和 CWE 之间关系”“第二层刻画 CVE 和 CWE 之间有从属关系”和“第三层抽取 CWE 数据和 CVE 数据实体和实体间关系”，共同组成〈实体，关系，实体〉和〈实体，属性，值〉三元组，作为构建软件安全漏洞知识图谱的基础数据。根据领域知识图谱构建流程：数据获取、领域短语抽取、本体构建、信息抽取、数据存储等，并对每个步骤详细阐述其实现过程，最终完成了软件安全漏洞通用知识图谱的构建。

5.3 软件安全漏洞知识图谱的应用研究

本节在第 4 章构建的软件安全漏洞知识图谱上研究知识图谱的应用，如基于软件安全漏洞知识图谱的漏洞查询和可视化分析，以及基于知识链接预测的软件安全漏洞研究，如图 5－13 所示。

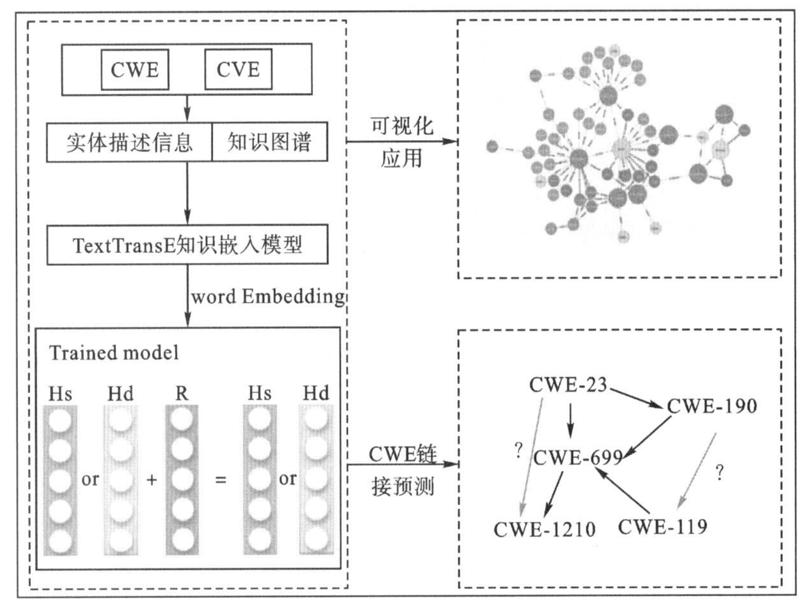

图 5－13　软件安全漏洞领域知识图谱应用分析

通过软件安全漏洞知识图谱对漏洞信息进行查询和可视化分析，能够深层次地挖掘漏洞语义信息以及隐藏在实体与实体间的关系。另外，知识图谱以结构化模式存储漏洞信息，与碎片化的、价值密度低的网络安全信息相比，能够直观、清晰地展示漏洞之间的密切关联关系，因此通过构建软件安全漏洞知识图谱来整合存储软件安全漏洞数据，并达到可视化推理分析、关联查询等功能，有助于实现软件安全漏洞分析更加智能化的目标。

基于知识链接预测的软件安全漏洞研究作为本节的研究重点，目标是为了挖掘隐藏的漏洞关系以进一步辅助软件安全漏洞分析和决策。

5.3.1 漏洞可视化分析

知识图谱的最大的特点就是可视化，在使用 Neo4j 等图数据库时，可以很直观地观察到数据，以及数据与数据间的关系。本研究为提供知识图谱的直观展示，实现了知识图谱可视化功能。因所构建的漏洞知识图谱节点和相关属性较多，数据量过大导致无法全面地、清楚地展示软件安全漏洞知识图谱的相关节点和边，故本研究在漏洞知识图谱的可视化过程中通过 Cypher 查询语句查找具体某个局部节点和边之间的关联关系。在图中部分节点看似是孤立单独的点，实际上每个节点间都存在关联关系。图形数据可用 Neo4j 中节点表示实体，节点之间的连线表示实体间关系，可以通过 Cypher 查询语句进行信息查询，如 CWE 数据间关系。CWE 根据漏洞特点，将漏洞按“Software Development”“Hardware Design”“Research Concepts”三个方面进行分类，如图 5－14 所示展示的是“Software Development”中包含的 CWE 数据。“Software Development”的 ID 为 699，此类软件弱点主要围绕软件开发中经常使用或遇到的概念造成的漏洞。图 5－14 中展示了部分 CWE 之间的关系。

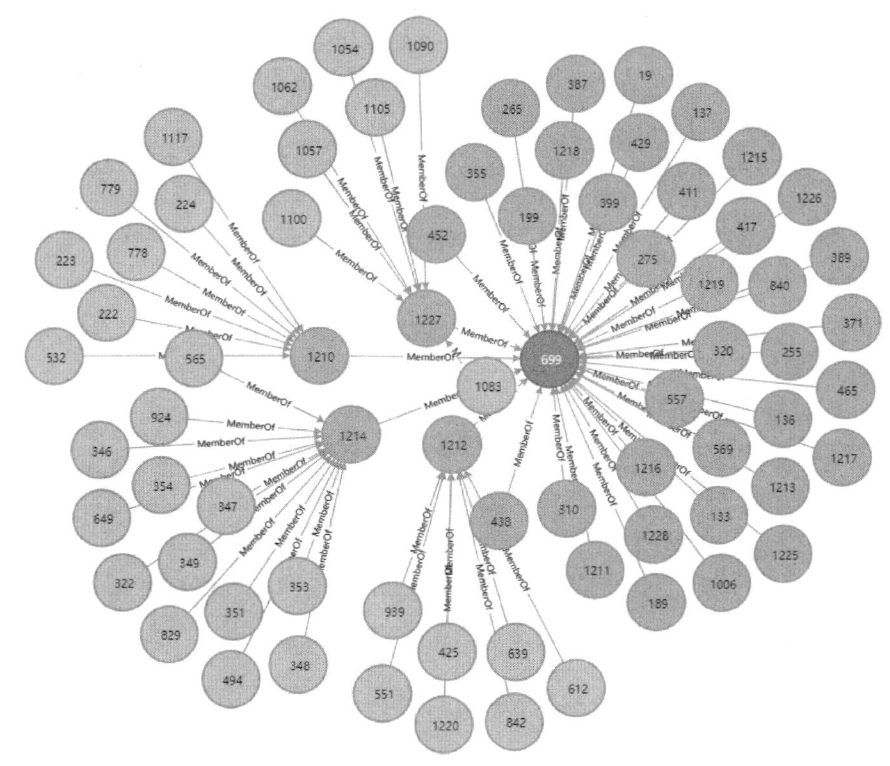

图 5－14　知识图谱中 CWE 节点之间

如图 5－15 所示，图中展示了 CWE 和 CWE 之间的关系，黄色节点 94 与绿色节点 137 代表 CWE－94 与 CWE－137 存在“MemberOf”关系。灰色节点代表此节点为 CVE，与黄色节点 94 连接的灰色节点代表的是 CVE 的 CWE－ID 为 CWE－94。

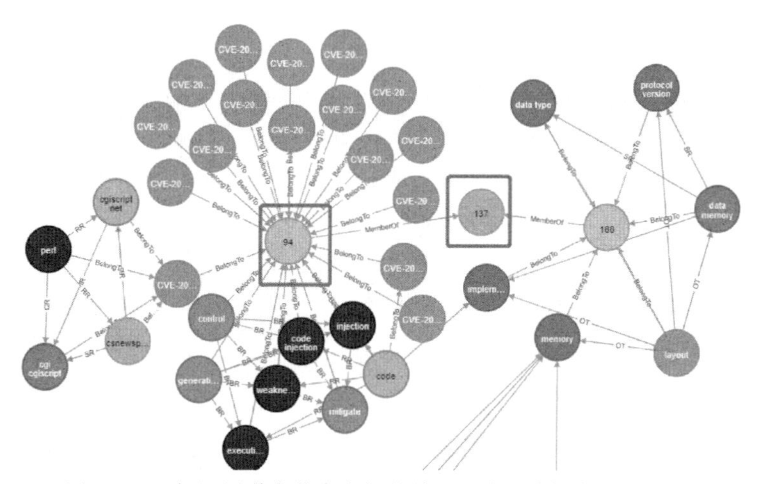

图 5－15　知识图谱中节点之间的关系（彩图请扫章后二维码）

通过使用 Neo4j 的 Cypher 查询语句进行详细的信息查询，且查询结果直接展示，与传统的数据库相比可视化效果好，交互性强。同时，可以直观了解 CWE 与 CVE 数据间的联系，为研究漏洞、分析漏洞提供可视化支持。

5.3.2 漏洞语义信息分析

进行漏洞分析时，软件安全漏洞知识图谱可以通过 Cypher 查询语句查找出漏洞之间的关系，为深层次利用漏洞语义信息，深入分析、追溯漏洞成因奠定基础。“Password”是漏洞领域很重要的领域短语，如图 5－16 所示，通过软件安全漏洞知识图谱，可以明显地感觉到它的重要性。在知识图谱中一个实体 X，与其构成三元组的数量越多，表示实体越是蕴含领域重要信息，反馈在 Neo4j 等图形数据库中，越多的节点和节点 X 相连，代表节点 X 越重要；或者越多的边与节点 X 相连，也代表节点 X 越重要。

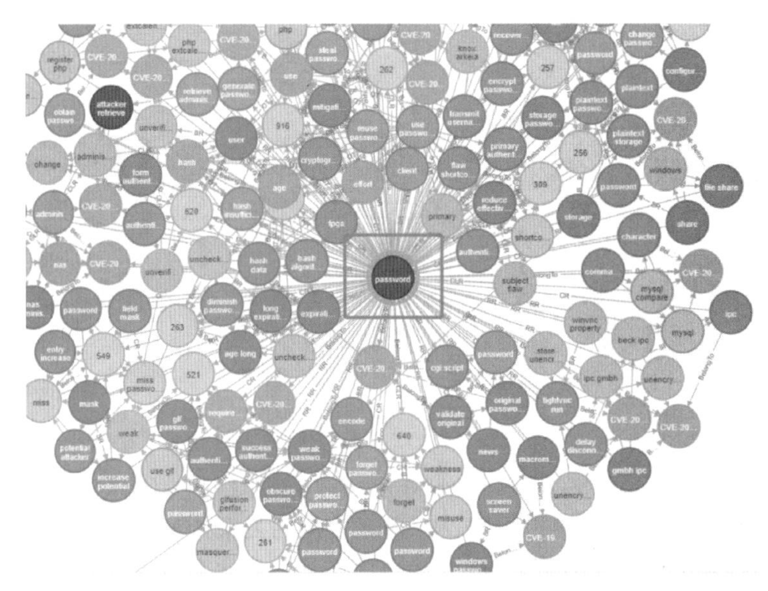

图 5－16　知识图谱中“Password”节点

同样的还有与“attackter”相关的实体，如图 5－17 所示。与“attackter”相关的实体有“attack”“attackter read”等。CWE－78 关于“attackter”的描述“This could allow attackers to execute unexpected, dangerous commands directly on the operating system.”，这可能允许攻击者直接在操作系统上执行意外的、危险的命令。CWE－767 中“if an attacker can read the private variable, it may expose sensitive information or make it easier to launch further attacks.”，攻击者通过读取私有变量导致信息暴漏或进一步进行攻击。据不完全统计，在 420 条 CWE 数据中有 179 条数据出现“attackter”相关的实体。

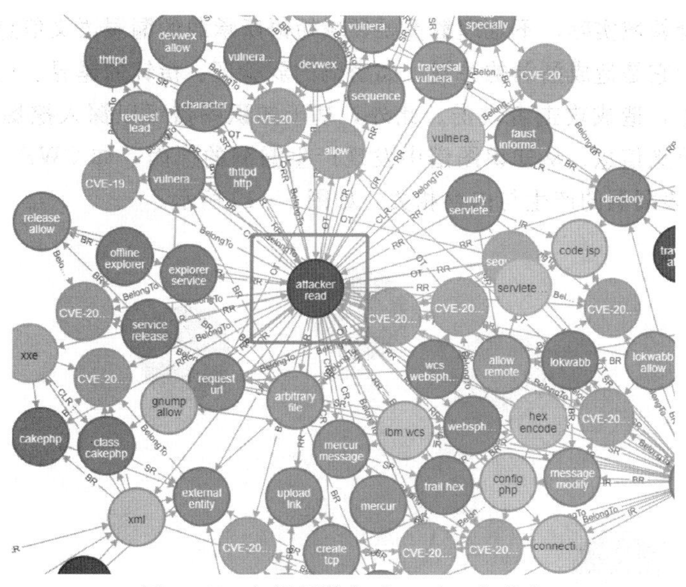

图 5－17　知识图谱中“attackter”节点

如图 5－18 所示是知识图谱中查询漏洞实体“memory”所得结果。与实际相符，“memory”相关实体也是造成漏洞的重要原因，进一步导致了极为严重的安全攻击事件。CWE－786：Access of Memory Location Before Start of Buffer 与 CWE－788：Access of Memory Location After End of Buffer 均是不正确的访问内存导致的安全漏洞。同样的还有与“pointer”相关的实体、与“dead code”“injection”相关的实体，如“SQL Injection”等。通过软件安全漏洞知识图谱对漏洞信息分析时可以深层次利用漏洞语义信息，为高效率分析追溯漏洞成因、漏洞导致的不安全后果等奠定了基础。

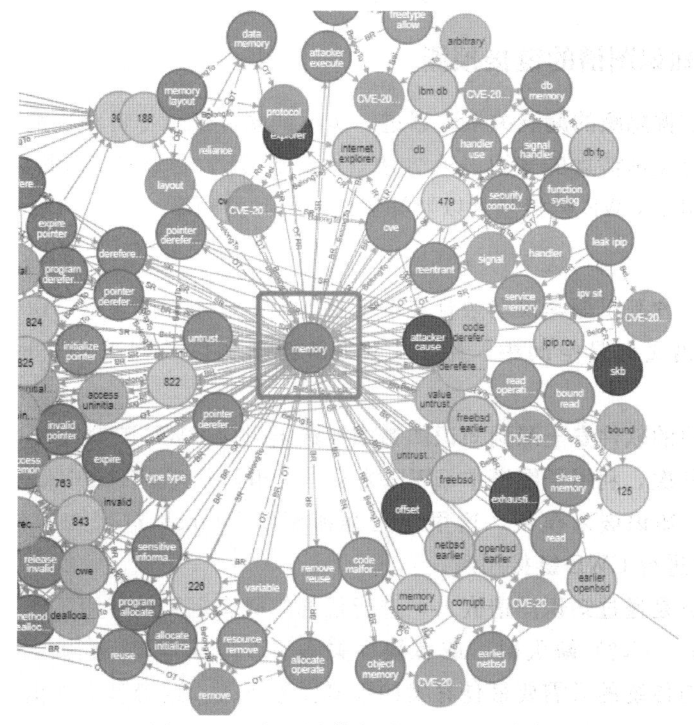

图 5－18　知识图谱中“memory”节点

结合软件安全领域实际，不难理解重要领域短语所承载的漏洞语义信息。越是重要的领域短语，越是表示它是造成漏洞的关键，如密码的弱验证、指针的越界、内存的泄漏等都有可能引发漏洞产生，造成攻击者攻击。此外，基于知识图谱可以深入挖掘漏洞数据语义信息。如根据漏洞语义信息，从知识图谱中发现产生漏洞的原因，如 CWE - 188 中有实体节点“memory”代表漏洞的产生与内存相关，如图 5 - 19 所示。

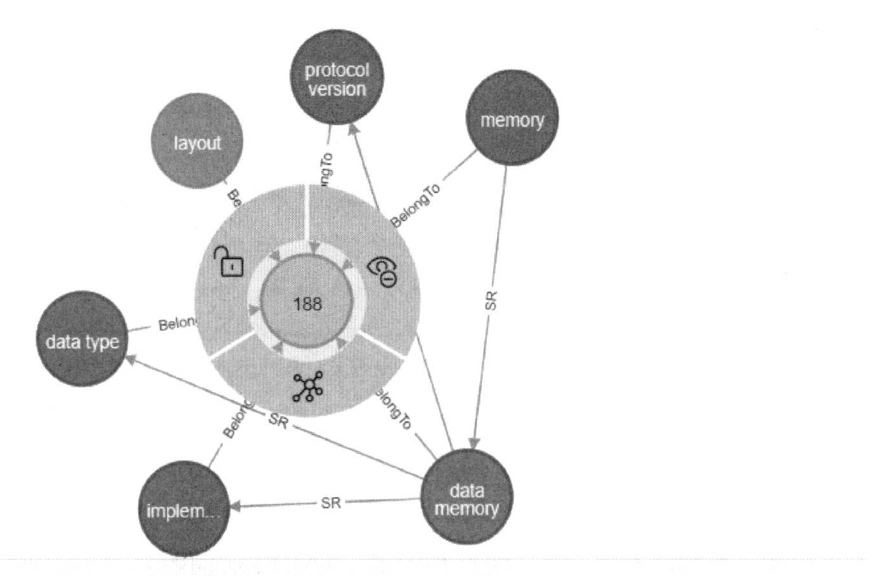

图 5 - 19　知识图谱中 CWE - 188 节点

5.3.3　基于知识图谱的链接预测

为了准确地挖掘隐藏的漏洞关系，以进一步辅助软件安全分析和决策，本研究提出一种基于翻译模型融合文本信息的知识嵌入方法 TextTransE，将软件 CWE 之间关系嵌入到语义向量空间中，用于 CWE 链接预测以及知识的获取和推理等。

1. *模型介绍*

本研究提出一种基于翻译模型融合文本信息的知识嵌入方法 TextTransE，将软件 CWE 之间关系嵌入到语义向量空间中，用于 CWE 链接预测以及知识的获取和推理等，如图 5 - 20 所示。

首先，从构建的软件安全漏洞知识图谱中筛选出包含 CWE 安全漏洞的实体和关系，构成一个子图谱。其次，利用子图谱中 CWE 关系三元组和从 CWE 文本信息中抽取的描述信息实体进行 CWE 知识嵌入模型，这里使用翻译模型 TransE 进行知识嵌入。最后，基于 TextTransE 模型进行 CWE 链接预测。

链接预测任务是通过知识图谱嵌入，进行任务的最流行和最有用工作。其目标是在实体（$?, r, t$）或（$h, r, ?$）缺失时，或者缺少关系（$h, ?, t$）时进行预测，即对缺失的三元组进行补全。与传统的只需要最佳答案的预测任务不同，这个基于知识图谱的任务更强调从知识图谱中选出对一组候选实体或关系进行排序。

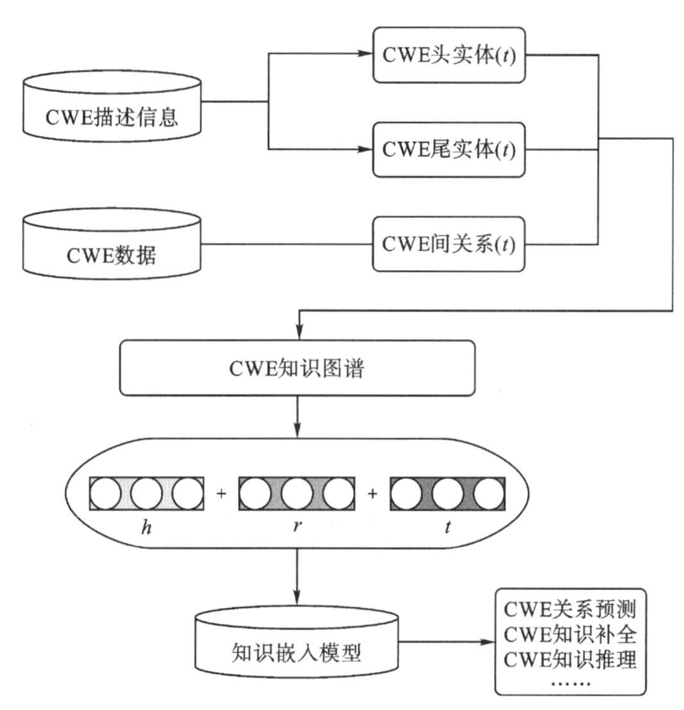

图5-20 基于翻译模型融合文本信息的知识嵌入模型 TextTransE

知识图嵌入可以将大规模的知识图谱投影到连续的低维向量空间中。知识嵌入模型有很多，如 TransE [112]、TransH [113]、TransD [114]、TransR[115]。它们都是基于翻译的模型。其中，TransE 是知识图谱嵌入模型中的基本模型，也是该方法的基础。TransE 将这些关系解释为低维向量空间上头和尾实体之间的平移操作，评分函数定义为，$E(h, r, t)=h+r-t$，这表明尾部嵌入的 t 应该是 $h+r$ 的最近邻。

2. 实验数据集

本任务使用的 CWE 数据关系类别有 6 种，分别为“ParentChild” “PrecedeFollow” “PeerOf” “CanAlsoBe” “Requires” “StartsWith”，具体数据如表5-6所示。

表5-6 CWE数据

关系类别	ParentChild	PrecedeFollow	PeerOf	CanAlsoBe	Requires	StartsWith
三元组数量	2278	272	168	54	13	3
合计	2788					

3. 评价指标

实验可分为两种方案“Raw”和“Filter”。“Filter”方案是指在测试阶段过滤掉数据集中出现的正确的三元组。本实验是基于“Raw”方案对实验结果进行评价。本实验针对不完整的三元组（?，r，t）或(h，r，?）执行实体关系预测任务，通过不同的预测任务分别得到一个包含所有预测值排序的集合 $R=\{\mathrm{Rank}_1, \mathrm{Rank}_2, \mathrm{Rank}_3, \cdots, \mathrm{Rank}_n\}$，其中 n 为预测目标的数量，将 R 作为计算评价指标的全局度量以对模型进行评估，最常见的两种模型评价指标分别为 Mean Rank 和 Hits @K（H@K）。

Mean Rank 是指所有预测目标在 R 中排名的平均值，其值越低表示预测效果越好。计算公式如式（5－1）。

$$\text{Mean Rank} = \frac{1}{|R|}\sum_{r \in R} r \tag{5-1}$$

H@K 定义为预测目标在 R 中的排名等于或小于值 K 所占的比率，K 的常见取值为 1、3、5、10，H@K 的值总是在 0 和 1 之间，其值越高表示结果越好。特别地，当 K ＝1 时，H@K（H@1）指预测目标在预测值排名中为第一的比率。计算公式如式（5－2）。

$$\text{H@}K = \frac{|\{r \in R: r \leqslant K\}|}{|R|} \tag{5-2}$$

4. 实验结果分析

（1）实验在 Python 语言下进行编程，所使用计算机 CPU 为英特尔酷睿 i7，处理器具体型号为，Intel（R）Core（TM）i7－10750H CPU @ 2.60 GHz 2.59 GHz。显卡为英伟达 GTX1650，内存 16 GB，固态硬盘 256 GB，操作系统使用的是 Windows 10。

（2）实验结果分析。本研究分别针对融合实体描述信息的 TextTransE 模型和未融合实体描述信息的 TransE 模型进行了对比实验。这里使用 Mean Rank 和 hits@10 作为评价指标，对基于融合实体描述信息的 TextTransE 模型在 CWE 数据集上进行实验结果介绍。其中，Mean Rank 越小越好，H@10 越大越好。

如表 5－7 所示，是基于融合实体描述信息的 TextTransE 模型与未融合实体描述信息的 TransE 模型的实验结果，本研究提出的融合实体描述信息的 TextTransE 模型预测结果要好于未融合实体描述信息的 TransE 模型，其中 TextTransE 模型的 Mean Rank 和 H@10 值分达到了 6.9743 和 0.8510。这也从侧面说明了，本研究构建的基于软件安全漏洞知识图谱在 CWE 链接预测上是有效的。

表 5－7　CWE 数据集上的预测结果

模型	Mean Rank	H@10
TransE	7.2179	0.8349
TextTransE	6.9743	0.8510

如表 5－8 所示，是基于融合实体描述信息的 TextTransE 模型与未融合实体描述信息的 TransE 模型关于 H@K 的实验结果，在 H@1、H@5、H@10、H@20、H@60 中，本研究提出的融合实体描述信息的 TextTransE 模型预测结果都要好于未融合实体描述信息的 TransE 模型，如图 5－21 所示。

表 5－8　CWE 数据集上的 H@K

模型	H@1	H@5	H@10	H@20	H@60	H@80
TransE	0.4696	0.6603	0.8349	0.9311	0.9696	0.9696
TextTransE	0.4872	0.6827	0.8510	0.9375	0.9872	0.9872

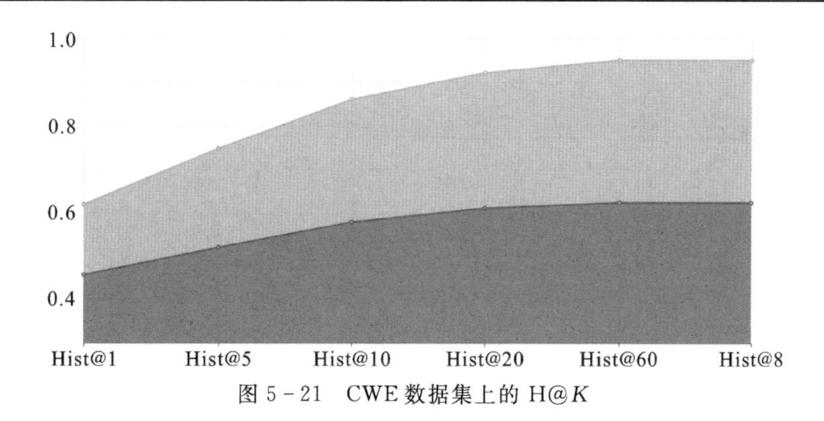

图 5-21　CWE 数据集上的 H@K

第6章 总结与展望

6.1　本研究工作总结

本研究针对软件安全领域的需求，提出了一种基于领域知识抽取的软件安全漏洞通用知识图谱构建方法。首先通过爬虫获取 CWE 和 CVE 数据，进行预处理和自动化领域短语抽取，然后定义知识图谱本体结构，进行实体和关系的抽取，最后将实体关系三元组存储到 Neo4j 图形数据库中，构建软件安全漏洞领域知识图谱。领域知识图谱具有领域专业性，可以更深入、更细化地表示软件安全领域的知识。本研究的贡献是提出了一种专业化的知识抽取方法，利用领域知识构建了软件安全漏洞通用知识图谱。该知识图谱可以帮助软件开发人员和安全研究人员更好地理解软件安全漏洞之间的关系，快速找到漏洞解决方案，提高软件开发效率，同时对漏洞数据进行良好的管理，确保软件安全和大众的隐私安全。该方法也可以应用于其他领域，实现领域知识图谱的构建，为该领域的研究和发展提供有力的支持。

此外，本研究还结合预训练模型和深度学习网络，对事件抽取任务开展了研究。针对事件抽取任务中的一词多义和事件特征提取不充分的问题，提出了基于 BERT 预训练模型和多特征融合的流水线式事件抽取方法，以及基于 Attention 机制和 BiLSTM 模型的无触发词事件抽取方法 BATT - BiLSTM。实验结果显示，这两种方法在事件抽取任务上取得了较好的表现。本研究的成果对于自然语言处理领域的事件抽取任务具有一定的参考价值。

最后，本研究还提出了一个基于代码知识图谱的静态漏洞检测框架。该框架利用知识图谱存储代码语义信息，通过现有成熟的图数据库提供的高效查询性能来完成代码语义信息的查询任务，最终在信息查询的基础上达到漏洞检测的效果。本研究提出的静态漏洞检测框架漏洞检测性能具有一定的优势，但同时也存在误报率较高的情况。该框架还需要进一步完善和优化，以提高其漏洞检测准确率和实用性。

6.2　未来的工作

本书主要研究了知识图谱在软件安全领域的应用和面向源代码的漏洞检测，提出了静态漏洞检测框架和代码知识图谱的构建与可视化，并对其进行了实验评估。但是在研究过程中发现数据稀缺、数据流依赖关系不足等问题，需要进一步提高和完善。未来的研究可以从扩充数据来源、提高实体抽取和信息抽取技术、结合漏洞报告扩展安全分析任务等方面展开。同时，针对基于深度学习的事件抽取技术，可以尝试使用传统人工筛选的特征加入深度模型中，提高事件抽取方法的有效性。在知识图谱的构建方面，可以考虑将更多的开源漏洞知识融入软件漏洞知识图谱中，丰富知识图谱的信息，进一步研究软件工程领域漏洞知识补全相关工作。针对软件安全领域的数据库信息抽取，可以研究更为高效率、高准确率的实体抽取和信息抽取方法，使得构建的领域知识图谱更加有效、更加完善。

参考文献

[1] LI Z, ZOU D, XU S, et al. VulDeePecker: A deep learning - based system for vulnerabilitydetection [J] . arXiv preprint arXiv, 2018.

[2] ZOU D, WANG S, XU S, et al. μVulDeePecker: A Deep Learning - Based System for Multiclass Vulnerability Detection [J] . IEEE Transactions on Dependable and Secure Computing, 2019, 18 (5): 2224 - 2236.

[3] LI Z, ZOU D, XU S, et al. Sysevr: A framework for using deep learning to detect softwarevulnerabilities [J] . IEEE Transactions on Dependable and Secure Computing, 2021.

[4] Wang S, Liu T, Tan L. Automatically learning semantic features for defect prediction [C] . 2016 IEEE/ACM 38th International Conference on Software Engineering (ICSE), 2016: 297 - 308.

[5] DAM H K, PHAM T, Ng S W, et al. A deep tree - based model for software defectprediction [J] . arXiv preprint arXiv, 2018.

[6] ZHOU Y, LIU S, SIOW J, et al. Devign: Effective vulnerability identification by learning comprehensive program semantics via graph neuralnetworks [J] . Advances in neural information processing systems, 2019.

[7] BUCHANAN B G, FEIGENBAUM E A. DENDRAL and Meta - DENDRAL: Their applications dimension [J] . Artificial intelligence, 1978, 11 (1 - 2): 5 - 24.

[8] FEIGENBAUM E A. The art of artificial intelligence: Themes and case studies of knowledge engineering [C] . Proceedings of the Fifth International Joint Conference on Artificial Intelligence, 1977.

[9] SINGHAL A. Introducing the knowledge graph: things, not strings [J] . Official google blog, 2012, 5: 16.

[10] QI G, CHEN H, LIU K, et al. Knowledge graph [J] . To appear, 2020.

[11] Ehrlinger L, Wöß W. Towards a definition of knowledge graphs [J] . SEMANTiCS (Posters, Demos, SuCCESS), 2016, 48 (1 - 4): 2.

[12] LIN Y, LIU Z, SUN M, et al. Learning entity and relation embeddings for knowledge graph completion [C] . Twenty - ninth AAAI conference on artificial intelligence, 2015.

[13] PUJARA J, MIAO H, Getoor L, et al. Knowledge graph identification [C] . International semantic web conference, 2013: 542 - 557.

[14] WANG Z, ZHANG J, FENG J, et al. Knowledge graph embedding by translating on hyperplanes [C] . Proceedings of the AAAI conference on artificial intelligence, 2014.

[15] ALQAHTANI S S, RILLING J. Semantic modeling approach for software vulnerabilities data sources [C] . 2019 17th International Conference on Privacy, Security and

Trust (PST), 2019: 1-7.

[16] NEIL L, MITTAL S, JOSHI A. Mining Threat Intelligence about Open-Source Projects and Libraries from Code Repository Issues and Bug Reports [C]. 2018 IEEE International Conference on Intelligence and Security Informatics (ISI), 2018.

[17] NGUYEN T H, GRISHMAN R. Event detection and domain adaptation with convolutional neural networks [C] //Proceedings of the 53rd Annual Meeting of the Association for Computational Linguistics and the 7th International Joint Conference on Natural Language Processing (Volume 2: Short Papers). 2015: 365-371.

[18] CHEN Y, XU L, LIU K, et al. Event extraction via dynamic multi-pooling convolutional neural networks [C] //Proceedings of the 53rd Annual Meeting of the Association for Computational Linguistics and the 7th International Joint Conference on Natural Language Processing (Volume 1: Long Papers). 2015: 167-176.

[19] CHEN Y, LIU S, ZHANG X, et al. Automatically Labeled Data Generation for Large Scale Event Extraction [C]. Proceedings of the 55th Annual Meeting of the Association for Computational Linguistics (Volume 1: Long Papers), 2017: 409-419.

[20] WANG Z, WANG X, HAN X, et al. CLEVE: contrastive pre-training for eventextraction [J]. arXiv preprint arXiv: 2105.14485, 2021.

[21] ZHANG T, JI H, SIL A. Joint entity and event extraction with generative adversarial imitationlearning [J]. Data Intelligence, 2019, 1 (2): 99-120.

[22] CHAU M T, ESTEVES D, LEHMANN J. Open-domain Event Extraction and Embedding for Natural Gas Market Prediction [J]. arXiv preprint arXiv: 1912.11334, 2019.

[23] NAIK A, ROSé C. Towards open domain event trigger identification using adversarial domain adaptation [J]. arXiv preprint arXiv: 2005.11355, 2020.

[24] WANG R, ZHOU D, HE Y. Open event extraction from online text using a generative adversarial network [J]. arXiv preprint arXiv: 1908.09246, 2019.

[25] OIN Y, SHEN G, ZHAO W, et al. A network security entity recognition method based on feature template and CNN-BiLSTM-CRF [J]. Frontiers of Information Technology & Electronic Engineering, 2019, 20 (6): 872-884.

[26] MA X, HOVY E. End-to-end sequence labeling va bi-directional lstm-cnns-crf [J]. arXiv preprint arXiv: 1603.01354. 2016.

[27] CHITICARIU L, LI Y, REISS F. Rule-based information extraction is dead! long live rule-based information extraction systems! [C] //Proceedings of the 2013 conference on empirical methods in natural language processing. 2013: 827-832.

[28] SHU-ZHUANG Z, LUOHAO F B. Regular Expressions Matching for NetworkSecurity [J]. Journal of Software. 2011. 22 (8): 1838-1854.

[29] BALDUCCINI M, KUSHNER S, SPECK J. Ontology-driven data semantics discovery for cyber-security [C] //International Symposium on Practical Aspects of Declarative Languages. Springer, Cham, 2015: 1-16.

[30] LIAO X, YUAN K, WANG XF, et al. Acing the ioc game: Toward automatic discovery and analysis of open - source cyber threat intelligence [C] //Proceedings of the 2016 ACM SIGSAC Conference on Computer and Communications Security. 2016: 755 - 766.

[31] SMIRNOVA A, CUDRE - MAUROUX P. Relation extraction using distant supervision: Asurvey [J] . ACM Computing Surveys (CSUR), 2018, 51 (5): 1 - 35.

[32] NASAR Z, JAFFRY S W, MALIK M K. Named Entity Recognition and Relation Extraction: State - of - the - Art [J] . ACM Computing Surveys (CSUR), 2021, 54 (1): 1 - 39.

[33] HEARSTM A. Automatic acquisition of hyponyms from large text corpora [C] // Proceedings of the 14th Conference on Computational Linguistics. 1992: 539 - 545.

[34] AGICHTEIN E, GRAVANO L. Snowball: Extracting relations from large plain - text collections [C] //Proceedings of the fifth ACM conference on Digital libraries. 2000: 85 - 94.

[35] YATES A, BANKO M BROADHEAD M, et al. Textrunner: open information extraction on theweb [C] //Proceedings of Human Language Technologies: The Annual Conference of the North American Chapter of the Association for Computational Linguistics (NAACL - HLT) . 2007: 25 - 26.

[36] ETZIONI O, CAFARELLA M, DOWNEY D, et al. Web - scale information extraction inknowitall: (preliminary results [C] //Proceedings of the 13th international conference on World Wide Web. 2004: 100 - 110.

[37] PHI V T, SANTOSO J, SHIMBO M, et al. Ranking - based automatic seed selection andnoise reduction for weakly supervised relation extraction [C] //Proceedings of the 56th Annual Meeting of the Association for Computational Linguistics (Volume 2: Short Papers) . 2018: 89 - 95.

[38] MARCHEGGIANI D, TITOV I. Discrete - state variational autoencoders for joint discovery and factorization ofrelations [J] . Transactions of the Association for Computational Linguistics. 2016, 4: 231 - 244.

[39] SIMON E, GUIGUE V, PIWOWARSKI B. Unsupervised information extraction: Regularizing discriminative approaches with relation distribution losses [C] //Proceedings of the 57th Annual Meeting of the Association for Computational Linguistics. 2019: 1378 - 1387.

[40] SURDEANU M, TIBSHIRANI J, NALLAPATI R, et al. Multi - instance multi - label learning for relation extraction [C] //Proceedings of the 2012 joint conference on empirical methods in natural language processing and computational natural language learning. 2012: 455 - 465.

[41] ZENG D. LIU K, LAI S. et al. Relation classification via convolutional deep neural network [C] //Proceedings of COLING 2014, the 25th international conference on computational linguistics: technical papers. 2014: 2335 - 2344.

[42] LIN Y, SHEN S, LIU Z, et al. Neural relation extraction with selective attention over

instances [C] //Proceedings of the 54th Annual Meeting of the Association for Computational Linguistics (Volume 1: Long Papers) . 2016: 2124 - 2133.

[43] FENG J, HUANG M, ZHAO L, et al. Reinforcement learning for relation classification from noisy data [C] //Proceedings of the AAAI Conference on Artificial Intelligence. 2018, 32 (1) .

[44] XIAOFENG MU, WANG WEI, AND XU AIPING. Incorporating token - level dictionary feature into neural model for named entity recognition [J] . Neurocomputing, 2020, 375: 43 - 50.

[45] MINLONG PENG, XIAOYU XING, QI ZHANG, et al. Distantly supervised named entity recognition using positive - unlabeled learning [J] . arXiv preprint, 2019, 1906.01378: 2409 - 2419.

[46] FADHILA YASMINE AZALIA, MOCH ARIF BIJAKSANA, ARIEF FATCHUL HUDA. Name indexing in Indonesian translation of hadith using named entity recognition with naive Bayes classifier [J] . Procedia Computer Science, 2019, 157: 142 - 149.

[47] XUEZHE MA, EDUARD HOVY. End - to - end sequence labeling via bi - directional lstm - cnns - crf [J] . arXiv preprint, 2016, 1603.01354: 1064 - 1074.

[48] LUO LING, YANG ZHIHAO, YANG PEI, et al. An attention - based BiLSTM - CRF approach to document - level chemical named entity recognition [J] . Bioinformatics, 2018, 34 (8): 1381 - 1388.

[49] CHENG ZHOU, BIN LI, XIAOBING SUN. Recognizing software bug - specific named entity in software bug repository [C] . Proceedings of the 26th Conference on Program Comprehension. 2018: 108 - 119.

[50] YINGYING WANG, JUN ZHAO, FENG LI, et al. Construction of Knowledge Graph For Internal Control of Financial Enterprises [C] . 2020 IEEE 20th International Conference on Software Quality, Reliability and Security Companion (QRS - C): IEEE, 2020: 418 - 425.

[51] YANPENG WANG, DEHAI ZHANG, YE YUAN, et al. Improvement of TF - IDF algorithm based on knowledge graph [C] . 2018 IEEE 16th International Conference on Software Engineering Research, Management and Applications (SERA): IEEE, 2018: 19 - 24.

[52] CHUNYANG CHEN, SA GAO, ZHENCHANG XING. Mining analogical libraries in q&a discussions——incorporating relational and categorical knowledge into word embedding [C] . 2016 IEEE 23rd international conference on software analysis, evolution, and reengineering (SANER): IEEE, 2016, 1: 338 - 348.

[53] WANG H, WANG P, WANG L, et al. A survey on knowledge graph: Representation, acquisition and applications. IEEE Access, 8, 102567 - 102585.

[54] WU Z, PAN S, CHEN F, et al. A comprehensive survey on graph neural networks. IEEE Transactions on Neural Networks and Learning Systems, 32 (1), 4 - 24.

[55] ZHANG Y, WANG J, CHEN S. Deep learning based recommender system: A survey and new perspectives. ACM Computing Surveys (CSUR), 51 (5), 1-38.

[56] WANG H, WANG P, LI X. Knowledge graph-based recommendation: A comprehensive review. IEEE Transactions on Knowledge and Data Engineering, 33 (2), 465-486.

[57] ZHANG Z, XIE S, LIU X, et al. A survey on knowledge graph-based methods for cybersecurity. IEEE Transactions on Computational Social Systems, 6 (1), 94-107.

[58] YIN W, YU M, ROTH D, et al. End-to-end learning of semantic role labeling using recurrent neural networks. In Proceedings of the 54th AnnualMeeting of the Association for Computational Linguistics (Volume 1: Long Papers) (pp. 1127-1137).

[59] ZHANG Y, SUN Y, ZHANG J, et al. A survey on natural language processing for FAQs. IEEE Transactions on Knowledge and Data Engineering, 30 (5), 753-771.

[60] DENG Z, ZHANG W, CHEN, H. A survey of knowledge graph construction: Techniques and applications. Engineering Applications of Artificial Intelligence, 81, 1-17.

[61] MA Z, XIA C, WANG J, et al. A survey on knowledge graph creation: Issues, challenges and solutions. IEEE Transactions on Knowledge and Data Engineering, 31 (12), 2334-2358.

[62] CAO Y, ZHANG W, WANG H, et al. Constructing large-scale knowledge graphs via entity linking. ACM Transactions on Information Systems (TOIS), 37 (3), 1-34.

[63] ZHANG J, JI H, CHEN, H, et al. Cross-lingual knowledge graph alignment via graph convolutional networks. In Proceedings of the 2018 Conference on Empirical Methods in Natural Language Processing (pp. 3491-3500).

[64] SHI C, LIU Y, LIU Z, et al. Knowledge graph embedding for link prediction: A comparative analysis. In Proceedings of the 55th Annual Meeting of the Association for Computational Linguistics (Volume 1: Long Papers) (pp. 1836-1846).

[65] WANG S, YANG B, LI J, et al. Knowledge graph and its applications in data mining. Wiley Interdisciplinary Reviews: Data Mining and Knowledge Discovery, 8 (4), e1254.

[66] DEVLIN J, CHANG M W, LEE K, et al. BERT: Pre-training of deep bidirectional transformers for language understanding. arXiv preprint arXiv: 1810.04805.

[67] GOODFELLOW I, BENGIO Y, COURVILLE A, et al. Deep learning (Vol. 1). MIT press.

[68] LIU J, SHANG J, LIU J, et al. Empower sequence labeling with task-aware neural language model. In Proceedings of the 27th International Conference on Computational Linguistics (pp. 2912-2923).

[69] ZHOU P, QI Z, ZHANG W, et al. Event extraction via dynamic multi-pooling convolutional neural networks. In Proceedings of the 53rdAnnual Meeting of the Association for Computational Linguistics and the 7th International Joint Conference on Natural Language Processing (Volume 1: Long Papers) (pp. 167-176).

［70］KAWAKAMI K. Supervised sequence labelling with recurrent neuralnetworks ［D］. Technical University of Munich，2008.

［71］NGUYEN T H，GRISHMAN R. Event detection and domain adaptation with convolutional neural networks ［C］ //Proceedings of the 53rd Annual Meeting of the Association for Computational Linguistics and the 7th International Joint Conference on Natural Language Processing (Volume 2：Short Papers) . 2015：365－371.

［72］VASWANI A，SHAZEER N，PARMAR N，et al. Attention is all youneed ［J］. Advances in neural information processing systems，2017，30.

［73］MIKOLOV T，CHEN K，CORRADO G，et al. Efficient estimation of word representations in vector space ［J］. arXiv preprint arXiv：1301.3781，2013.

［74］PENNINGTON J，SOCHER R，MANNING C D. Glove：Global vectors for word representation ［C］ //Proceedings of the 2014 conference on empirical methods in natural language processing (EMNLP) . 2014：1532－1543.

［75］VASWANI A，SHAZEER N，PARMAR N，et al. Attention is all you need. In Advances in Neural Information Processing Systems (pp. 5998－6008) .

［76］YANG Z，YANG D，DYER C，et al. Hierarchical attention networks for document classification. In Proceedings of the 2016 Conference of the North American Chapter of the Association for Computational Linguistics：Human Language Technologies (pp. 1480－1489) .

［77］CHAN W，JAITLY N，LE，Q V，et al. Listen，attend and spell：A neural network for large vocabulary conversational speech recognition. In Acoustics，Speech and Signal Processing (ICASSP)，2016 IEEE International Conference on (pp. 4960－4964) .

［78］DEVLIN J，CHANG M W，LEE K，et al. Bert：Pre－training of deep bidirectional transformers for language understanding ［J］. arXiv preprint arXiv：1810.04805，2018.

［79］DEVLIN J，CHANG M W，LEE K，et al. BERT：Pre－training of deep bidirectional transformers for language understanding. In Proceedings of the 2019 Conference of the North American Chapter of the Association forComputational Linguistics：Human Language Technologies，Volume 1 (Long and Short Papers) (pp. 4171－4186) .

［80］LIU X，CHEN Y，LIU Y，et al. Fine－tuned BERT for emotion classification in suicide notes. IEEE Access，7，82541－82550.

［81］ZHANG Y，SUN Y，ZHANG J，et al. A survey on natural language processing for FAQs. IEEE Transactions on Knowledge and Data Engineering，31 (5)，860－875.

［82］SU J，MURTADHA A，PAN S，et al. Global Pointer：Novel Efficient Span－based Approach for Named EntityRecognition ［J］. arXiv preprint arXiv：2208.03054，2022.

［83］XIONG AO，XIN YU，DERONG LIU，Hongkang Tian. Research on news keyword extraction technology based on TF－IDF and TextRank ［C］. 2019 IEEE/ACIS 18th International Conference on Computer and Information Science (ICIS)：IEEE，

2019：452 - 455.

[84] JUN CHEN，YUEGUO CHEN，XIAOYONG DU，Xiangling Zhang，Xuan Zhou. SEED：a system for entity exploration and debugging in large - scale knowledge graphs [C] . 2016 IEEE 32nd International Conference on Data Engineering (ICDE)：IEEE，2016：1350 - 1353.

[85] ZHOU CHENG，et al. Recognizing software bug - specific named entity in software bug repository [C] . Proceedings of the 26th Conference on Program Comprehension. 2018：108 - 119.

[86] YAMAGUCHI F，GOLDE N，ARP D，et al. Modeling and Discovering Vulnerabilities with Code Property Graphs [C] . IEEE Symposium on Security and Privacy，2014.

[87] LIU S，LIN G，HAN Q L，et al. DeepBalance：Deep - Learning and Fuzzy Oversampling for Vulnerability Detection [J] . IEEE Transactions on Fuzzy Systems，2020，28 (7)：1329 - 1343.

[88] EMAMDOOST N，WU Q，LU K，et al. Detecting Kernel Memory Leaks in Specialized Modules with Ownership Reasoning [C] . NDSS 2021，2021.

[89] ZHOU Y，LIU S，SIOW J，et al. Devign：Effective vulnerability identification by learning comprehensive program semantics via graph neuralnetworks [J] . Advances in neural information processing systems，2019，32.

[90] GLOROT X，BORDES A，BENGIO Y. Deep sparse rectifier neural networks [C] . Proceedings of the fourteenth international conference on artificial intelligence and statistics，2011：315 - 323.

[91] HAN Z，LI X，XING Z，et al. Learning to predict severity of software vulnerability using only vulnerability description [C] . 2017 IEEE International conference on software maintenance and evolution (ICSME)，2017：125 - 136.

[92] JAIDEEP YADAV，DEVESH KUMAR，DHEERAJ CHAUHAN. Cyberbullying detection using pre - trained bert model [C] . 2020 International Conference on Electronics and Sustainable Communication Systems (ICESC)：IEEE，2020：1096 - 1100.

[93] POYRAZ，YUSUF ZIYA，MIRAC TUGCU，et al. Improving BERT Pre - training with Hard Negative Pairs [C] . 2022 Innovations in Intelligent Systems and Applications Conference (ASYU)：IEEE，2022：1 - 6.

[94] HAITAO YU，YI CAO，GANG CHENG，et al. Relation extraction with BERT - based pre - trained model [C] . 2020 international wireless communications and mobile computing (IWCMC)：IEEE，2020：1382 - 1387.

[95] LIANG，HAOTIAN. Research on Pre - training Model of Natural Language Processing Based on Recurrent Neural Network [C] . 2021 IEEE 4th International Conference on Information Systems and Computer Aided Education (ICISCAE)：IEEE，2021：542 - 546.

[96] SONMEZOZ，KAAN，MEHMET FATIH AMASYALI. Same sentence prediction：A

new pre – training task for bert [C] . 2021 Innovations in Intelligent Systems and Applications Conference (ASYU): IEEE, 2021: 1 – 6.

[97] JIAJIA PENG, KAIXU HAN. Survey of pre – trained models for natural language processing [C] . 2021 International Conference on Electronic Communications, Internet of Things and Big Data (ICEIB): IEEE, 2021: 277 – 280.

[98] RALPH VINCENT REGALADO, ABIEN FRED AGARAP, RENZ IVER BALIBER, et al. Use of word and character n – grams for low – resourced local languages [C] . 2018 International Conference on Asian Language Processing (IALP): IEEE, 2018: 250 – 254.

[99] JINCHUAN TIAN, et al. Improving Mandarin end – to – end speech recognition with word N – gram languagemodel [J] . IEEE Signal Processing Letters, 2022, 29: 812 – 816.

[100] DING GUOHUI, SUN HAOHAN, LI JIAJIA, et al. An Efficient Relational Database Keyword Search Scheme Based on Combined Candidate Network Evaluation [J] . IEEE Access, 2020, 8: 30863 – 30872.

[101] KATE, YUXIN FENG. Active Learning for Language Identification with *N* – gram Technique [C] . 2021 2nd International Conference on Big Data & Artificial Intelligence & Software Engineering (ICBASE): IEEE, 2021: 560 – 564.

[102] MASAYUKI SUZUKI, NOBUYASU ITOH, TOHRU NAGANO, et al. Improvements to *n* – gram language model using text generated from neural language model [C] . ICASSP 2019 – 2019 IEEE International Conference on Acoustics, Speech and Signal Processing (ICASSP): IEEE, 2019: 7245 – 7249.

[103] YONGRUI LI, HONGYUN NING. Keywords extraction method based on two – way feature fusion [C] . 2022 International Conference on Machine Learning and Intelligent Systems Engineering (MLISE): IEEE, 2022: 127 – 130.

[104] BAYATMAKOU, FARNOUSH, ABBAS AHMADI, et al. Automatic query – based keyword and keyphrase extraction [C] . 2017 Artificial Intelligence and Signal Processing Conference (AISP) . IEEE, 2017: 325 – 330.

[105] QINGYUN ZHOU, et al. Keyword extraction method for complex nodes based on TextRank algorithm [C] . 2020 International Conference on Computer Engineering and Application (ICCEA) . IEEE, 2020: 359 – 363.

[106] TAYFUN PAY, STEPHEN LUCCI. Automatic keyword extraction: An ensemble method [C] . 2017 IEEE international conference on big data (big data) . IEEE, 2017: 4816 – 4818.

[107] QING DU, WEI ZHENG, YONGJIAN FAN. A debugging – assisted Code Recommendation Method based on Knowledge Graph in Programming Course [C] . 021 IEEE 3rd International Conference on Computer Science and Educational Informatization (CSEI) . IEEE, 2021: 157 – 162.

[108] RUCHIKA MALHOTRA, KISHWAR KHAN. A study on software defect prediction using feature extraction techniques [C] . 2020 8th International Conference on

Reliability, Infocom Technologies and Optimization (Trends and Future Directions) (ICRITO). IEEE, 2020: 1139-1144.

[109] NICHOLAS VISALLI, et al. Towards automated security vulnerability and software defect localization [C]. 2019 IEEE 17th International Conference on Software Engineering Research, Management and Applications (SERA). IEEE, 2019: 90-93.

[110] QIAN CHEN, WEN WANG, CHONG DENG. MDERank: A Masked Document Embedding Rank Approach for Unsupervised Keyphrase Extraction [J]. arXiv preprint, 2021, 2110.06651.

[111] BERNERS-LEE. Semanticweb-XML2000 [EB/OL]. [2014-01-20]. http://www.w3.org/2000/Talks/ 1206-xml2k-tbl/Overview.html.

[112] A BORDES N. USUNIER, A GARCIA-DURAN, et al. Translating embeddings for modeling multi-relational data,' in Ad-vances in neural information processing systems, 2013, pp. 2787-2795.

[113] Z WANG, J ZHANG, J FENG, et al. "Knowledge graph embeddingby translating on hyperplanes, AAAI - Association for the Advancementof Artificial Intelligence, 2014.

[114] J XU, X OIU, K CHEN, et al. "Knowledge graph representationwith jointly structural and textual encoding, in 7wenty-Sixth International Joint Conference on Artificial Intelligence, 2017, pp. 1318-1324.

[115] Y LIN, Z LIU, M SUN, Y. LIU, et al. "Learning entity and relationembeddings for knowledge graph completion' in Twenty-Ninth AAA/Conference on Artifcial Intelligence, 2015, pp. 2181-2187.